AF705137

Ute & Gerrit Dieckman

Der Personenspürhund im Einsatz

© 2020 KYNOS VERLAG Dr. Dieter Fleig GmbH
Konrad-Zuse-Straße 3
D – 54552 Nerdlen/Daun
www.kynos-verlag.de
ISBN 978-3-95464-223-6

Titelbild: Thomas Schmidt

Fotos: Alle Fotos von Gerrit und Ute Dieckman außer: Thomas Schmidt S. 14 unten, 32, 43, 77; Katja Tükker S. 17, 78 Mitte, 136, 142; Kristina Woick S. 31; Gisela Rau S. 158; Atharia-ado-be.stock.com S. 33; Reddogs-adobe.stock.com S. 59; Johnnie-adobe.stock.com S. 66; Makhnach-adobe.stock.com S. 84, 263; Carlos Restrepo-adobe.stock.com S. 65; contrastwerkstatt-adobe.stock.com S. 118; apfelweile-adobe.stock.com S. 120-121 o.; Christian Pauschert-adobe.stock.com S. 120 mitte; AK-DigiArt-adobe.stock.com S. 154; megakunstfoto-adobe.stock.com S. 247; vchalup-adobe.stock.com S. 253

Grafiken und Design: Nicole Hilgers mit Grafiken von bsvit-adobe.stock.com (Piktogramme); snyGGG-adobe.stock.com (Fußspuren); BarefootBornDesign-adobe.stock.com S. 19, 29, 139, 193, 245

Gedruckt in Lettland

Das Werk einschließlich aller seiner Teile ist urheberrechtlich geschützt. Jede Verwertung außerhalb der engen Grenzen des Urheberrechtsgesetzes ist ohne schriftliche Zustimmung des Verlages unzulässig und strafbar. Das gilt insbesondere für Vervielfältigungen, Übersetzungen, Mikroverfilmungen und die Einspeicherung und Verarbeitung in elektronischen Systemen.

Haftungsausschluss: Die Benutzung dieses Buches und die Umsetzung der darin enthaltenen Informationen erfolgt ausdrücklich auf eigenes Risiko. Der Verlag und auch den Autoren können für etwaige Unfälle und Schäden jeder Art, die sich bei der Umsetzung von im Buch beschriebenen Vorgehensweisen ergeben, aus keinem Rechtsgrund eine Haftung übernehmen. Rechts- und Schadenersatzansprüche sind ausgeschlossen. Das Werk inklusive aller Inhalte wurde unter größter Sorgfalt erarbeitet. Dennoch können Druckfehler und Falschinformationen nicht vollständig ausgeschlossen werden. Der Verlag und auch die Autoren übernehmen keine Haftung für die Aktualität, Richtigkeit und Vollständigkeit der Inhalte des Buches, ebenso nicht für Druckfehler. Es kann keine juristische Verantwortung sowie Haftung in irgendeiner Form für fehlerhafte Angaben und die daraus entstandenen Folgen vom Verlag bzw. Autoren übernommen werden. Für die Inhalte von den in diesem Buch abgedruckten Internetseiten sind ausschließlich die Betreiber der jeweiligen Internetseiten verantwortlich.

Inhaltsverzeichnis

Vorwort

Die meisten Anwender betreiben Mantrailing als Beschäftigung für ihren Hund. Einerseits gut, andererseits schade, denn: Mantrailing ist so viel mehr als das!

In erster Linie ist Mantrailing weder eine Wissenschaft noch eine Glaubensrichtung, sondern ein Handwerk! Jedes Handwerk fordert etwas: ohne Fleiß kein Preis! Es dauert seine Zeit, um den Meisterstatus zu erreichen. Und danach geht es weiter darum, den Stand zu halten und seine Meisterschaft zu verfeinern.

Mantrailing im Realeinsatz legt noch einmal mehrere Schippen obenauf: Der Realeinsatz fordert Verantwortung und Ernsthaftigkeit, er erfordert Disziplin und Professionalität. Wir betreiben keinen Breitensport, sondern Hund und Hundeführer erbringen körperliche Höchstleistungen. Es geht nicht um Beschäftigung oder Pokale, nicht um Kompensation eigener Minderwertigkeitskomplexe oder anderer Unzulänglichkeiten, nicht um die narzisstische Erhöhung des eigenen Selbst und Sozialprestige, nicht um Ruhm und Ehre, nicht um Posten und Pöstchen, sondern um ein einziges Ziel: jemanden möglichst lebend wieder nach Hause zu bringen. Das sollte keiner je vergessen!

Mantrailing gibt aber auch eine Menge zurück: Es ist eine hervorragende Möglichkeit, den eigenen Schrittzähler zum Qualmen zu bringen und seine Gesundheit zu verbessern. Im Laufe der Jahre legt man im Training und im Einsatz als Ausbilder, ausgelegte „vermisste Person“ oder Hundeführer Tausende Kilometer zu Fuß zurück. Dazu kommen die Spaziergänge oder Fahrten mit dem Fahrrad, um die Hunde bei jeglichem Wind und Wetter fit zu halten.

Mantrailing ist eine wunderbare Gelegenheit, Zufriedenheit zu gewinnen – so bei einem perfekt gelungenen Trail. Der selbst einem Meister nur selten gelingt.

Mantrailing ist eine hervorragende Möglichkeit, glückliche Momente zu erleben und zu genießen. Und damit meinen wir nicht nur den eher seltenen Fund einer Person im Einsatz. Es ist viel mehr das Gefühl, sich mit einem Lebewesen „Hund“, der aus einer völlig anderen Lebens- und Sinneswelt kommt, zu verstehen und zu verständigen, manchmal quasi zu verschmelzen und eine Einheit zu bilden, die trotz unterschiedlicher Voraussetzungen ein gemeinsames Ziel verfolgt und erreicht. Immer wieder ein Wunder.

Mantrailing ist eine großartige Möglichkeit der Persönlichkeitsentwicklung: Es lehrt Dich, Geduld und Rücksichtnahme zu entwickeln, wenn der Hund mal nicht so schnell funktioniert, wie Du es gerne hättest. In diesen Momenten heißt es: „Wenn Du in der Schlange stehst, lerne warten!"[1] Statt dem (Leistungs-) Grundsatz „Schneller, höher, weiter!" zu folgen, den Hund zu überfordern und auszubrennen und nebenbei in der Leistung zu verschlechtern, weil gelerntes Verhalten nicht stabilisiert wird. Und damit ein Neurotiker zu sein, der seinen eigenen Ohrfeigen nachläuft.[2] Es lehrt Dich, zurückzugehen und erst einmal die Sicherheit in allen nur denkbar möglichen Situationen zu erhöhen oder an Eurer Beziehung und Bezogenheit aufeinander zu arbeiten, bevor Ihr gemeinsam weiter gehen könnt. Du wirst lernen (müssen), mit Stress induzierenden Faktoren und Druck umzugehen.

Mantrailing im Realeinsatz fordert und trainiert Deine Wahrnehmung mit allen Sinnen: Sehen, Hören, Fühlen, bedingt auch Riechen und Schmecken. Es macht Dich wacher, sinnesfreudiger, fähiger und lebendiger.

Mantrailing schult Dein Orientierungsgedächtnis und Deine Orientierungsfähigkeit – wenn Du sie nicht schon längst an irgendeine App abgegeben hast. Unser Gehirn ist wie ein Instrument: Wenn es nicht regelmäßig gestimmt und gespielt wird, verliert es seine Wirkung.

Mantrailing schult Deine Fähigkeit, sich auf ändernde Situationen variabel einzustellen, also Deine geistige Flexibilität. Es trainiert die kreative Intelligenz, wenn Du angesichts einer sich ändernden Situation neue Lösungen entwickeln musst, es entwickelt Deine Fähigkeiten zur Problemlösung, zu taktischem und strategischem Denken.

Mantrailing wird es Dir erleichtern, Entscheidungen zu treffen. Denn selbst wenn Du davor zurückschreckst: Du musst eine Entscheidung treffen! Und auch noch eine möglichst gute. Denn egal, ob es eine gute oder schlechte Entscheidung ist – es geht nicht weiter, wenn Du nicht entscheidest. Aber: Auch zunächst schlechte Entscheidungen sind im Realeinsatz durchaus korrigierbar.

Mantrailing fördert Deine Fähigkeit zur Selbstmotivation: Du wirst Rückschläge im Ausbildungs- und Lernprozess erleiden, es wird – gerade bei häufigen Einsätzen – bittere Erlebnisse geben, Du wirst zu spät kommen und jemanden tot finden oder einer Mutter nach Stunden trotz aller Bemühungen vergeblicher Suche sagen müssen, dass Du ihre Tochter nicht gefunden hast. Du wirst das aushalten (müssen). Manchmal fällst Du auch und brauchst den Zuspruch und die Hilfe anderer, die Du

1 *Ruth Cohn*

2 *Alfred Adler*

gefälligst annimmst. Aber Du stehst wieder auf, machst Dich gerade und weiter bis zum nächsten Erfolgserlebnis. Was nichts vergessen macht, aber eine Menge auslöscht, und das Feuer der Motivation wieder entfacht. Weil es Dich an den Sinn Deiner Arbeit erinnert und Dir klar macht, warum Du diese Mühen auf Dich nimmst. Mantrailing im Realeinsatz braucht keine depressiven Jammerlappen, sondern Leute mit gesunder Härte. Stehaufmännchen mit einerseits der Fähigkeit zum Mitfühlen, andererseits aber auch Ausdauer, Biss und Durchhaltevermögen.

Das größte Faszinosum am Mantrailing ist aber, dass es ist wie das Leben selbst. Du verfolgst ein Ziel, dessen Ende und Weg Du nicht kennst, welches und den Du aber mitgestalten und beeinflussen kannst. Auf diesem Weg begegnest Du Hindernissen, entwickelst Bewältigungsstrategien, Einstellungen und Persönlichkeitseigenschaften, scheiterst und stehst wieder auf, am Ende bist Du aber ein „Ich", ein Individuum, das Dinge auf seine eigene unverwechselbare Art tut.

Insgesamt ist Mantrailing also eine Art Schule des Lebens.

In eigener Sache
Das Buch beruht auf den von uns gemachten Erfahrungen und den uns zur Verfügung stehenden Informationen. Es erhebt keinen Anspruch auf universelle Gültigkeit oder die einzige Wahrheit. Jeder macht andere Erfahrungen oder unterliegt anderen Richtlinien.
Bis zum heutigen Tag gibt es viele Ansätze, um zu erklären, was Geruch eigentlich genau ist, wie er sich verhält und was die Hunde tatsächlich riechen können. Daher stützt sich dieses Buch in den Erklärungen im Wesentlichen auf Erfahrungswerte.
In diesem Sinne wünschen wir allen Lesern viel Freude und Aha-Erlebnisse.

***Emma** (sogenannter Laborbeagle)*
Als Emma zu uns kam, war Mantrailing noch eine exotische Beschäftigung für Hunde, die nichts „Vernünftiges" konnten. Aber was soll man auch schon mit einem Beagle machen! Emma wurde unser erster Einsatzhund – und sollte doch eigentlich nur netter Familienhund sein.

***Shania** (Ilali del Purgatorio)*
Eine Halbschwester von Google (siehe rechts oben) und ebenso hervorragend in der Suche. Sie ist so „stumpf" in der Suche, dass nicht einmal ein Mülleimer oder Kundenstopper ihre Suche bremsen kann und eher umgerannt wird.

Google

(Goran del Purgatorio)

Nicht nur für uns, sondern für jeden, der ihn kennen gelernt hat, war er ein ganz besonderer Hund. Ruhig und souverän – und absolut sicher auf der Spur. Er war der Eine unter Tausenden.

Forrest Gump

Forrest war ein Abgabehund aus einer Meute, den wir eigentlich Robert E. Lee nennen wollten. Da er alles andere als ein eleganter Südstaatengeneral war, wurde er passenderweise ein Forrest Gump. Sein Suchkommando war natür-lich: „Lauf, Forrest, lauf".

Beau und Jette

In den Startlöchern stehen Beauregard des Hurleurs de la Lande Bleue = der Franzose (Grand Bleu de Gascogne) rechts und Jette vom Kapaunberg (Bloodhound x Redbone Coonhound) unten.

Kaspar

Ein Schweizer Laufhund in der Varietät Schwyzer wie aus dem Bilderbuch. Er sieht nicht nur gut aus (Formwert Vorzüglich), sondern ist auch ausdauernd in der Suche. Wobei er Abbruchsignale mit 180 Grad-Wenden zeigt.

Hubble

(Marquis del Purgatorio)

Ein Bloodhound in red. Und noch ein Purgatorio! Die Linien haben uns eben begeistert! Ein toller Hund, der einen in der Suche noch nie im Stich gelassen hat. Wo Google „Eis“ war, ist er „Feuer“.

1. Mehr als „an der langen Leine"

Wenn der Begriff „Mantrailing" in seine Bestandteile zerlegt wird, besteht er aus „Man", was so viel bedeutet wie Mensch oder Person, und „Trail", was soviel bedeutet wie Pfad oder Weg und als Verb („to trail") soviel wie verfolgen. Frei übersetzt bedeutet „Mantrailing" also, eine Person oder einen Menschen verfolgen oder dem Pfad eines Menschen oder einer Person folgen. Und schon kommt es bei der Bestimmung des Grundbegriffes zu einem Missverständnis: Mantrailing bedeutet, den Menschen zu suchen. Das ist falsch! ***Mantrailing bedeutet, den Geruch zu verfolgen!***

Unsere gesamte Welt beinhaltet eine Unzahl von Gerüchen, die uns andauernd umgeben. Sowohl belebte als auch unbelebte Dinge geben permanent Geruch ab.

Wer hat nicht schon einmal den Geruch von Blumen oder frisch gedroschenem Getreide wahrgenommen? Die Ausdünstungen von Benzin oder anderen Menschen? Auch wenn Geruch ohne Umwege direkt im Stammhirn verarbeitet wird – in den wenigsten Fällen nimmt der Mensch dies bewusst wahr. Wohl aber der Hund. Der Personenspürhund blendet diese permanent vorhandenen Gerüche aus und folgt einem Individualgeruch.

Natürlich gibt es auch bei den Personenspürhunden Phasen auf der Spur, wo sie den Geruch des Menschen suchen müssen. Das ist zum einen in der Startsequenz der Fall, wenn der Hund abseits des Startpunktes angesetzt wird und diesen erst suchen muss. Oder wenn der Hund auf der Spur den gesuchten Geruch vorübergehend verliert oder den Geruch zwar hat, aber die genaue Richtung der Spur vorübergehend verloren hat. Oft wird auch gesagt: Mantrailing bedeutet, den Pfad oder Weg des (gesuchten) Menschen verfolgen. Und wieder ein Missverständnis! Die Wahrheit ist:

> Der Personenspürhund folgt nicht dem Menschen, sondern dem Geruch (oder der Witterung) des Menschen!

Das ist der Grund dafür, dass der Weg des Hundes, insbesondere durch äußere Einflüsse, von der tatsächlich gelaufenen Spur abweichen kann. Wobei auch der Personenspürhund durchaus einer Fährte und damit der Bodenverletzung folgt – sofern es diese gibt.

Was ist Mantrailing *nicht*?

Neben den Diensthunden der Polizei werden auch private Personenspürhunde eingesetzt. Dies impliziert, dass sich durch die Rechtslage die Situation für private Hundeführer – auch wenn sie einer Organisation angehören – anders gestaltet. Private Hundeführer unterstützen die Polizei bei ihrer Aufgabe und haben deren (oder den von der Polizei bestimmten Führungskräften) Weisungen Folge zu leisten. So lange jedenfalls, wie es keine Eigengefährdung gibt. Es geht im Regelfall um die Suche nach vermissten Menschen, nicht um die Verfolgung von Straftätern oder das Erstellen von Bewegungsprofilen. Wenn eine Gefährdung von der vermissten Person ausgeht, dann werden private Einsatzkräfte abgezogen.

Was ist Mantrailing im Realeinsatz?

Wenn der Hund die Spur in eine Richtung aufnimmt und ihr folgt, dann wird damit auch gezeigt, wo die vermisste Person *nicht* sein kann. Die Arbeit des Teams bestimmt auch die weitere Taktik und Vorgehensweise in der Suche sowie den Einsatz weiterer Ressourcen.

Um zu verdeutlichen, dass dieses Buch sich auf Themen und Fragen fokussiert, die sich durch Realeinsätze ergeben, wird hier zukünftig der Begriff des Personenspürhundes (PSH) und der Personensuche verwendet.

2. Bevor es richtig beginnt

„Wer nicht an Wunder glaubt, ist kein Realist."[3]

Es war eine kalte und stürmische Nacht. Regen peitschte gegen die Frontscheibe und die Lichter des Gegenverkehrs blendeten auf der regennassen Fahrbahn. An eine schnelle Fahrt war nicht zu denken, obwohl Eile angesagt war. Keine zwanzig Minuten zuvor hatte der Alarm uns aus Bett und Hundekorb gejagt. 02:18 Uhr. Wenn es um diese Uhrzeit schnell gehen muss, darf man nicht lange nachdenken müssen. Der Griff zur Kaffeemaschine erfolgte automatisch. Sie ist selbstverständlich vorbereitet. Wie auch der Stuhl mit der Personenschutzkleidung und die Einsatzrucksäcke. Und wie das Auto.
Die Minuten schlichen dahin, das Navi meldete noch 22 Minuten bis zum Treffpunkt. Langsam gewann die Heizung den Kampf gegen die Kälte. Die Hunde hatten sich in ihren Boxen in die Decken eingekuschelt. Das Telefon klingelte schrill: die Leitstelle. Die vermisste Person hätte sich zwischenzeitlich angefunden und man bedanke sich ganz herzlich für die Bereitschaft.
Der Regen peitschte immer noch gegen die Frontscheibe. Noch drei Minuten bis zur nächsten Ausfahrt. Keine fünf Stunden mehr, bis der Wecker klingelt. Der normale Tag wartet nicht.

3 *David ben Gurion (1886-1973, erster Ministerpräsident von Israel)*

Der angeblich schlechteste Romananfang aller Zeiten[4] eignet sich hervorragend, um die Geschichte eines klassischen Einsatzfalls zu beschreiben. Denn tatsächlich entwickeln sich nur ganz selten gute Geschichten daraus, wenn einen mitten in der Nacht die Leitstelle aus dem Schlaf klingelt. Viele Alarmierungen enden mit Abbruch vor oder während der Anfahrt. Hinzu kommen etliche Abbrüche während der Suche – zum Glück für die vermissten Personen.

Was im Training der Normalfall zu sein scheint – eine erfolgreiche Suche, die mit dem Auffinden der Zielperson endet, ist in der Realität des Einsatzes leider eine Seltenheit. Weder bei Hund noch bei Hundeführer darf daher die Motivation einbrechen, wenn es endlich nach bestandener Prüfung in den Einsatz geht – und dann mehrere Anforderungen hintereinander abgebrochen werden und sich einfach keine Chance ergibt, zum Helden zu werden.

Dieses Buch soll keine theoretische Abhandlung sein oder die neuesten Erkenntnisse der Wissenschaft aufbereiten. Hier soll eine praktische und pragmatische Unterstützung gegeben werden, die sich aus den Erfahrungen von mittlerweile mehreren hundert Alarmierungen speist.

Einer der Urväter des Mantrailings, Bill Tolhurst, schrieb über Geruch:

- Du kannst ihn nicht sehen
- Du kannst ihn nicht riechen
- Du kannst ihn nicht fotografieren
- Du kannst ihn nicht färben
- Du kannst ihn nicht wie einen Fingerabdruck abnehmen
- Du kannst ihn nicht mit einem Laser finden
- Du kannst ihn nicht ins Labor zur Analyse senden

... aber er ist da – und wartet darauf, verwendet zu werden![5]

4 *Im Original „It was a dark and stormy night“ von Edward George Bulwer-Lytton, besser bekannt geworden durch Snoopy. Seit 1982 findet der Bulwer-Lytton-Fiction-Contest statt, um den fürchterlichsten Romananfang zu prämieren.*

5 *Tolhurst, William D., Reed, Lena F.; Manhunters! S. viii*

Wer hat's erfunden?

Jedenfalls nicht die Amerikaner – auch wenn die Suche mit Personenspürhunden neudeutsch Mantrailing genannt wird. In den letzten Jahren ist es zu einem wahren „Hype" gekommen und doch ist die Suche mit Spürhunden keine Erfindung unserer Zeit. Wann und wie genau die ersten Hunde für das gezielte Aufspüren von Menschen eingesetzt worden sind, wird wohl im Dunkel der Geschichte bleiben. Ein in Fragmenten erhalten gebliebenes Stück des griechischen Dichters Sophokles, betitelt Ichneutai (Ἰχνευταί) wörtlich übersetzt „Spurensucher", wird meistens als „Spürhunde" bezeichnet. Wenn es auch Satyrn[6] sind, die eine entführte Rinderherde anhand der Witterung verfolgen, so zeigt es doch, dass das Konstrukt „Verfolgen von Lebewesen anhand des Geruchs" bekannt war und praktiziert wurde. Auch sollen Hunde schon in der Antike für die Suche nach entlaufenen Sklaven eingesetzt worden sein.

Die erste nachweisbare Quelle dürfte jedoch eine Schrift von Mynsinger aus dem Jahre 1473 sein, die sich wiederum auf Aufzeichnungen aus dem Jahre 1280 beziehen. Im 16. Jahrhundert soll Kurfürst Christian I. von Sachsen zwei Bloodhounds aus England importiert haben, um mit ihrer Hilfe Wilderer aufzuspüren und zu verfolgen. Weiterhin belegt ist, dass Ende des 17./Anfang des 18. Jahrhunderts in England eine Gruppe namens „Thrapthon Association for the Prevention of Felons" einen Bloodhound zur Unterstützung in der Suche nach Dieben und Wilderern erwarb. Es wird angenommen, dass dies eine der ersten Aufzeichnungen für den Einsatz dieser Rasse in der Verbrechensbekämpfung ist.[7]

Ende des 19. Jahrhunderts begann sowohl in England als auch in Deutschland eine erste Verwendung von Hunden bei der Polizei. Hervorzuheben ist hier Polizeikommissar Franz Laufer aus Schwelm, der sich auch durch die ersten Misserfolge nicht hat entmutigen lassen. Zunächst ging es um den Einsatz als Schutzhund, zu dessen Zweck in 1902 der „Verein zur Förderung der Zucht und Verwendung von Polizeihunden", kurz auch „Polizeihundeverein – PHV" genannt, begründet wurde. Ging es zunächst noch um den Einsatz der Hunde als Schutzhunde, so kam schnell die Unterstützung bei der Aufklärung von Verbrechen hinzu. Der Durchbruch für Polizeihunde kam in 1904 mit dem Erfolg der Doggen „Cäsar" und „Harras". Sie konnten bei der Ermittlung zu einem Sexualmord an einer Elfjährigen beitragen. Ein erster Versuch scheiterte zwar, doch konnte der Hund in der Kammer des Mädchens die Witterung aufnehmen und zeigte unter den im Hof platzierten Personen

6 *Fabelwesen der griechischen Mythologie*

7 *Edwin Brough, ohne Seitenangabe*

den Hauptverdächtigen an, der die Tat später gestand.[8] Ob und wenn ja in welchem Ausmaß menschliches Verhalten zum Erfolg beigetragen hat, lässt sich nicht mehr rekonstruieren. Daraufhin erfolgte in 1905 ein wahrer Boom in der Arbeit mit Polizeihunden. In 1912 verfolgte ein Hund in Wien eine Spur von über 500 Schritten, an dessen Ende eine Schürze gefunden wurde, die dem Opfer gehörte und Fingerabdrücke des Täters aufwies. Auch hier führte der Einsatz des Hundes zu einem Geständnis des Täters.

Doggen konnten sich allerdings als Polizeihunde nicht lange behaupten – hier setzte sich der Deutsche Schäferhund durch, nicht zuletzt durch die Arbeit von Rittmeister von Stephanitz und dem „Verein für Deutsche Schäferhunde". Die systematische Ausbildung von Suchhunden ist eng mit dem Namen von Friedrich (Friedo) Schmidt verbunden. Auf ihn gehen viele Ideen und Anregungen gerade auch für die Ausbildung zurück. Leider gab es viele Kritiker und so wurde bereits 1890 durch eine Versuchsanordnung „nachgewiesen", dass der Hund den Spuren von Stiefeln und Bodenverletzungen folgt.[9]

Insbesondere Konrad Most äußerte massive Kritik an der Verwendung von Spürhunden. Im Jahr 1911 wurde dann erneut der „Beweis" geführt, dass ein Verfolgen von menschlichen Spuren nicht möglich ist und „auf diese Weise kamen in der Einbildung jene Kriminalhunde zustande, die, auf eine beliebige fremde Fährte gesetzt, auf dieser Ansatzfährte verharrten, ohne je auf andere im Gelände vorhandene Menschenfährten überzuwechseln. Man weiß heute, dass die Scheinleistungen dieser Hunde infolge der beiden Fehler zustande kamen, die schon so oft in der Wissenschaft von Mensch und Tier schweren Schaden angestiftet haben: nämlich infolge der vorherigen Kenntnis des Abrichters von der Aufgabe und ihrer Lösung und der Unkenntnis der auf das Tier ausgeübten wirksamen Sinnesreize."[10] Diese Thematik ist auch unter „Kluger-Hans-Effekt" bekannt und wird an späterer Stelle erneut aufgegriffen. Dass das Thema aber weiterhin Interesse fand, zeigt sich durch eine Dissertation aus dem Jahr 1915, die „Über die kleinsten noch wahrnehmbaren Geruchsmengen einiger Riechstoffe beim Hund" erfolgte. Bis heute gibt es eine Menge Überlegungen, was und wie genau „gerochen" und damit verfolgt wird – ein endgültiges Ergebnis ist noch nicht erreicht worden.

Welche Entwicklung die Suche mit Personenspürhunden hätte nehmen können, ist nicht mehr zu beurteilen. Unterbrochen durch zwei Weltkriege und Zeiten der

8 *Laufer, Bernhard; a.a.O.; S. 53f.*

9 *Budde, Woran erkennt der Hund die Spur seines Herrn? S. 60ff.*

10 *Most / Böttger, S. 205*

politischen Verwerfungen wird erst lange nach dem Zweiten Weltkrieg eine erneute Auseinandersetzung mit der Thematik verfolgt. So standen die Personenspürhunde lange im Schatten der Flächen- und Trümmersuchhunde.

Die Idee vom „Individualgeruch" eines Menschen wurde 1965 durch A.I. Winberg entwickelt. Demnach konnte sich der Individualgeruch auf die Umgebung übertragen. Und weshalb die Verfolgung eines einzelnen Menschen möglich war, bekam eine Begründung. In der Polizeihundeschule im sächsisch-anhaltinischen Pretzsch wurde zu DDR-Zeiten aus der Idee ein Konzept. In den 1970er Jahren wurden bereits die ersten Hunde für die Verfolgung von Spionen und Staatsfeinden ausgebildet.[11] Nicht nur Geruchsdifferenzierung, sondern auch Fährten- und Personenspürhunde wurden hier ausgebildet, bevor die Idee „Mantrailing" über den großen Teich wieder zurück in den westlichen Teil Deutschlands schwappte.

Seitdem werden immer mehr Personenspürhunde eingesetzt. Trotz immer noch bestehender Kritik und Anfeindungen haben sich Personenspürhunde nicht nur in der Polizeiarbeit, sondern auch in den ehrenamtlichen Bereichen durchgesetzt. Interessanterweise hinkte die Ausbildung und der Einsatz von PSH in den Rettungshundestaffeln der Entwicklung im gewerblichen Bereich hinterher. So konnte es dazu kommen, dass in diesem Bereich häufig keine Staffeln, sondern vielfach Einzelpersonen in den Einsatz kommen. Dies hängt sicherlich auch damit zusammen, dass in einigen Bundesländern eine Sichtung durch die Polizei erfolgt. Zudem erkennen auch immer mehr Polizeidirektionen, dass sich der Einsatz eigener Hunde, nicht nur in der Detektion, sondern auch in der Prävention lohnt.

Ich will Menschenleben retten!

Ein immer wieder gehörter Satz, wenn es um die Frage „Aus welchem Grund möchtest Du einen Personenspürhund im Realeinsatz führen?" geht, ist „Ich will Menschenleben retten!" Sehr schön, sehr beliebt, sehr allgemein – und ohne eine Aussagekraft. Die Nachfrage, dass man dann ja auch mit Sicherheit einen Organspenderausweis mit sich führt und regelmäßig Blut spendet, führt unverständlicherweise zu Irritationen. Denn wie kann man besser, schneller und auch einfacher Menschenleben retten, als mit diesen Maßnahmen? Auch das Engagement bei einer freiwilligen Feuerwehr birgt eine deutlich höhere Wahrscheinlichkeit, wirklich Menschenleben zu retten, als in einer Hundestaffel. Zumal einige Staffeln sehr wenige oder sogar gar keine Alarmierungen im Jahr haben.

11 *Macrakis, Kristie, a.a.O. S. 371ff.*

Auf weitere Nachfrage kommt dann meistens eine Antwort, in der die Vokabel „Hund“ vorkommt. Man möchte etwas Gemeinsames mit dem Hund unternehmen. Nun, das ist auch bei Spazierengehen, Obedience oder Dogdancing der Fall. Wer ehrlich mit sich ist, der kommt auch auf andere Überlegungen: Dass es chic ist, einen ehemaligen Straßenhund aus dem Süden als Personenspürhund auszubilden? Und es auch sehr viel zum eigenen Sozialprestige beiträgt? Man sich im Glanze von „edel, hilfreich und gut“ sonnen kann? Oder dieses Gefühl von „wichtig“, wenn es mit Blaulicht und Horn in den Einsatz geht? Es sollte sich jeder ehrlich fragen, aus welchem Grund es genau diese Aufgabe sein soll.

Denn die Anforderungen an Hund, Hundeführer und die Teamarbeit im Realeinsatz sind vielfältig!

Anforderungsprofil

„Man muss erst so manches gelernt haben, ehe man über die Handlungsweise eines anderen richtig urteilen kann.“[12]

Wenn ein Anforderungsprofil an den Hundeführer in Ausbildung und Einsatz erstellt wird, dann geht es erst einmal um ein Ideal. Dieses Ideal wird kein Hundeführer jemals erreichen. Aber eine Annäherung ist möglich und sollte konsequent angestrebt werden. Menschen sind unterschiedlich – mit ihren jeweiligen individuellen Stärken und Schwachstellen, und jeder wird einen eigenen Weg gehen müssen, um dem Ideal näher zu kommen.

Natürlich ist dieses Anforderungsprofil erstmal subjektiv, basiert auf Erfahrungen aus der Praxis, ist grundsätzlich erweiterbar und durch neue Erfahrungen korrigierbar. Auf jeden Fall aber ist es ein Orientierungspunkt und eine Grundlage der Selbstreflexion.

Das Ideal des Hundeführers

Fitness

Nicht nur der Hund, sondern auch der Hundeführer muss über eine gewisse Fitness sowie körperliche und geistige Eignung verfügen. Es braucht wohl nicht extra betont werden, dass kein Einsatz angenommen wird, wenn einer aus dem Team krank oder

12 Marc Aurel, römischer Kaiser

körperlich eingeschränkt ist. Wenn jemand aus dem Bereich der Flächensuche in die Personensuche wechseln möchte, weil der Körper nicht mehr mitmacht – dann ist dies nicht nur eine schlechte Idee, sondern indiskutabel. Dem Körper wird einiges abverlangt. Wer einen kaputten Rücken oder malade Knochen hat, hat im Einsatz mit Hund nichts verloren. Es gibt genügend andere Aufgaben, die auch erledigt werden müssen und keiner besonderen Fitness bedürfen.

Es gibt einen simplen Test, mit dem jeder seine eigene individuelle Fitness überprüfen kann: Der Cooper-Test[13], benannt nach dem amerikanischen Sportmediziner Kenneth H. Cooper. Hier wird ermittelt, welche Strecke in der Zeit von zwölf Minuten zurückgelegt worden ist. Was sich einfach anhört, ist eine Herausforderung – die Strecke ist weder ein Mittel- noch ein Langstreckenlauf und entsprechend schwierig einzuteilen. Tabellen, die anhand der zurückgelegten Strecke eine Einschätzung über die persönliche Fitness abgeben, sind im Internet abzurufen.

Intelligenz und Problemlösungskompetenz

Der Hundeführer sollte zum logischen und analytischen Denken fähig, lernwillig und lernfähig, konstruktiv neugierig und dabei auch noch interessiert und entscheidungsstark sein.

Emotionale und soziale Intelligenz

Der Hundeführer sollte hilfsbereit und sozial verantwortlich im Umgang mit anderen Beteiligten sowie warmherzig, einfühlsam und anteilnehmend im Umgang mit Angehörigen und der vermissten Person sein.

Mentale Stabilität und Stressresistenz

Der Hundeführer sollte verantwortungsbewusst, ernsthaft und selbstbewusst sein; mental ausdauernd und konzentrationsstark; geduldig und psychisch belastbar sein und eine hohe Frustrationstoleranz bei Misserfolgen oder Leersuchen besitzen. Zur Selbstkontrolle gehört es auch, Ruhe in hektischen Situationen zu bewahren; seine Emotionen zu kontrollieren und im Zaum halten zu können, was auch immer passiert. Und vor allen Dingen: Kritikfähig und selbstkritisch sein.

Teamfähigkeit, soziale und kommunikative Kompetenz

Der Hundeführer sollte kommunikativ sein; auch unter Druck freundlich, höflich und respektvoll mit Beteiligten und Außenstehenden umgehen; sachlich und

13 Beispiel: www.runnersworld.de/training-basiswissen/coopertest/

professionell mit der Einsatzleitung und anderen an der Suche Beteiligten kommunizieren. Er sollte in der Lage sein, sich mit anderen abzustimmen und zu arbeiten, sich einzuordnen und angemessen sachgerechte Vorschläge zu machen, Hilfe anzubieten und anzunehmen, wo sie gebraucht wird; grundsätzlich freundlich, höflich, professionell und respektvoll mit anderen an der Suche Beteiligten und Außenstehenden zu kommunizieren.

Motivation

Der Hundeführer sollte passioniert und leidenschaftlich engagiert für und in der Personensuche sein; hartnäckig die Spur verfolgen wollen; wach, aktiviert, konzentriert und fokussiert im Einsatz sein.

Es gibt Tage im Leben, die man nicht vergisst. Ein 27. Januar gehört dazu. Seit dem Morgen wurde ein Mann vermisst, der wie gewohnt seinen Zug zur Arbeit genommen hatte. Eine Videoaufzeichnung hatte die Ankunft auf Gleis 5 bestätigt. Wir sollten uns auf dem Revier der Bundespolizei melden, dann würde es weitere Informationen und den Geruchsvorhalt geben. Wir hatten natürlich angemerkt, dass wir den Geruch bitte selber sichern möchten. Das ginge leider nicht, so die Antwort, und die Kollegen hätten schon Ahnung, was sie dort tun. Unser kurzer Hinweis auf Kontaminierung wurde mit der Antwort „Die sind von der KTU" abgetan. Das hatten wir noch nie und es machte uns natürlich neugierig. Also eingestiegen und losgefahren. Der angekündigte Eisregen blieb zum Glück für uns aus und einen Parkplatz direkt vor dem Bahnhof fanden wir an der zur Förde gelegenen Seite auch. Kurze Zeit nach unserem Eintreffen kamen auch schon die ermittelnden Beamten zur Wache. Eine Personenbeschreibung oder womöglich gar ein Foto erhielten wir nicht, was wir bisher auch noch nicht kannten. Außer der Aussage, die Person sei männlich und die Polizisten würden sie erkennen, gab es für uns keine Information. Wobei dies für uns auch nicht so wesentlich ist, solange der Geruchsvorhalt gut ist. Zu diesem Zeitpunkt dachten wir noch, dass wir jetzt starten könnten, aber das war falsch gedacht. Selbstverständlich würden uns noch weitere Beamte begleiten. Und als dann vier weitere Personen eintrafen, wollten wir dann los. Falsch gedacht. Da würden noch die Fahrzeuge fehlen, die uns den Weg freihalten würden. Das war eine eher unübliche Situation für uns, denn so komfortabel ist die Personaldecke der Polizei in den wenigsten Fällen. Dann erfolgte die Aufforderung, mit der Suche zu beginnen und der Bahnhof wurde so gut wie möglich für uns abgesperrt. Kurze Irritation beim

Hund, dann ging es auch schon zügig los. Vom Bahnsteig runter, durch die Halle auf den Vorplatz. Am Taxistand vorbei und auf einen Kinokomplex zu. Doch auf Höhe des Eingangsbereiches ging der Kopf hoch und der Hund stellte sich quer. Ein deutliches Zeichen für einen Abbruch in diese Richtung. Der Hund richtete sich neu aus, ging einige Meter zurück, überquerte die Straße und lief direkt in Richtung Wasser. Und genau an der Kaimauer blieb der Hund abrupt stehen. Sollte es das gewesen sein? Wenige hundert Meter und dafür dieser Aufriss? Doch die Anzeige war deutlich und wir konnten davon ausgehen, dass wir die Person gefunden hatten – genau unter uns. Doch zur Überprüfung haben wir auch dieses Mal einen weiteren Hund angesetzt. Der Abgang aus dem Bahnhof wurde bestätigt. Nochmals die Spur wollten wir nicht laufen, sondern eher andere Richtungen ausschließen. Aus diesem Grund gingen wir mit dem zweiten Hund über eine Brücke und setzten ihn dort an. Der Geruch wurde aufgenommen und die Suche begann. Doch weder der Weg zum Fähranleger noch der zum Ende der Förde wurde wirklich angenommen. Nachdem auch das Absuchen eines Platzes kein weiteres, verwertbares Ergebnis gebracht hatte, wollten und sollten wir noch die Abgänge der näheren Umgebung abchecken. Auch hier gab es keinen Abgang für uns. Danach hatten auch wir keine weitere Idee mehr. Die Lage war für uns klar und bedeutete nichts Gutes. Es war einige Zeit nach Mitternacht, als wir dann die Suche endgültig abbrachen. Außerdem hatte uns inzwischen der Eisregen eingeholt und machte die Suche auch nicht leichter. Die Hunde haben ihre Krallen, wir hatten normale Stiefel an und noch auf das Anlegen von Spikes verzichtet. Mit der Information, dass aufgrund unseres Ergebnisses jetzt Taucher angefordert würden, wurden wir dann entlassen. Einige Stunden später kam dann die Information, dass unsere vermisste Person ziemlich genau an der Stelle, die der Hund angezeigt hatte, eingeklemmt zwischen Boot und Kai angefunden wurde. Für uns war wichtig, dass die Familie sich verabschieden konnte.

Problemlösungsfähigkeit

Der Hundeführer sollte imstande sein, Suchsituationen mit allen Sinnen wahrzunehmen, die Wahrnehmungen anschließend kontrolliert zu analysieren und Lösungen für die Situation aus der eigenen Erfahrung abzuleiten oder neu zu entwickeln; Entscheidungen unter mehr oder weniger großer Unsicherheit und Risiko zu treffen und entsprechend Einsatztaktiken und Einsatzstrategien bzw. situativ zielführende Handlungen auszuwählen, die Handlungen auszuführen und deren Wirksamkeit und Tatsachengehalt durch den Hund zu überprüfen.

Wissen

Der Hundeführer sollte zu folgenden Themen Kenntnisse haben: Erste Hilfe Mensch und Hund, einsatzrelevante Krankheitsbilder und deren Auswirkungen, Funkverkehr, rechtliche Grundlagen und Strukturen im Rettungseinsatz, Suchstrategien und Einsatztaktiken in bestimmten Suchsituationen sowie Geruchsträgersicherung.

Können

Der Hundeführer muss in der Lage sein, sich durch gezielte Fragen Informationen zur Person und zur Suchsituation im Lagegespräch zu verschaffen, den Geruchsvorhalt fachgerecht zu sichern und einen geeigneten Ansatzpunkt auszuwählen; während des Trails auf die Sicherheit seines Hundes zu achten und die Bewegungsformen und Körpersignale seines Hundes lesen und situativ richtig bewerten zu können.

Anforderungen an den Hund

Genauso wie beim Anforderungsprofil des Hundeführers ist natürlich auch das Anforderungsprofil an den Hund ein Ideal. Jeder angehende Hund, der neu in ins Haus kommt, hat bestimmte hundetypische, rassetypische und persönlichkeitsspezifische Eigenarten und individuelle Leistungsvoraussetzungen, die positiv oder negativ für den Einsatzzweck sind; die sofort erkennbar sind oder erst im Laufe des Zusammenlebens und der Ausbildung sichtbar werden und die beibehalten, gefördert oder gedämpft werden müssen. Damit muss auch der zukünftige Hund seinen jeweils eigenen Weg gehen.

Wikvaya Dena, Labradorhündin aus einer Arbeitslinie – eine typvolle Vertreterin ihrer Rasse und zur Arbeit gezüchtet.

Körperliche Verfassung

Sie resultiert zum einen aus der körperlichen Leistungsfähigkeit, also Kondition und Ausdauer, zum anderen aus der mentalen Ausdauer, also Konzentrationsfähigkeit. Nur wer körperlich fit ist, kann eine anstrengende Suche auch über Meter und Meter und Kilometer konzentriert durchhalten. Von Menschen ist bekannt, dass das Gehirn im Vergleich zum Gewicht am meisten Energie verbraucht, denn Nervenzellen und Synapsen, die für Atmung, Bewegung und Denkvorgänge verantwortlich sind, müssen versorgt werden. Sehr viel Energie wird von automatischen Prozessen wie Stoffwechsel und Motorik verbraucht, hohe Konzentration kommt dann hinzu. Wenn keine oder wenig Energie zur Verfügung steht, werden bewusste Vorgänge wie Nachdenken eingestellt.

Motivation

Der Hund soll eine hohe Bereitschaft und Fähigkeit haben, eine Witterung und eine Spur ausfindig zu machen – dies ist der Suchwille. Und er soll eine noch höhere Bereitschaft und Fähigkeit haben, dieser Witterung und Spur ausdauernd zu folgen – dies ist der Finderwille.

Es ist eine schlechte Idee, einen Hund aus der Fläche zu nehmen, weil er jagt. Denn genau das wird er auch bei passender Gelegenheit wieder tun. Auch an der Leine.

Hier erübrigt sich jede Frage, ob der Hund motiviert ist!

Problemlösungsfähigkeit

Der Hund soll eine hohe Arbeitsintelligenz haben, was die gestellte Aufgabe betrifft: den Beginn einer Spur zu suchen und dieser ausdauernd zu folgen, muss Herzblut und Lebenszweck sein.

Mentale Stabilität und Stressresistenz

Der Hund muss umweltverträglich, also wenig ablenkbar durch Umweltreize sein; wesensfest, sozial verträglich mit Menschen und Hunden sein; im häuslichen Umfeld relativ gehorsam und menschenbezogen sein; im Einsatz eigenwillig und zielorientiert – gegebenenfalls auch gegen den Widerstand des Hundeführers.

Können

Der Hund kann nach der ausreichenden Geruchsaufnahme die Situation im Startbereich sondieren, deutlich die Richtung bestimmen und in Spurrichtung starten; situativ einen klar durch Körpersignale und Abbruchsignale lesbaren Negativ-Ansatz zeigen und generell der Spur fokussiert folgen, sich den Anzeigen seines Hundeführers aktiv durch Körpersignale wie Abbruchsignale verweigern. Er kann mit kontaminierten Geruchsvorhalten umgehen, anwesende kontaminierende Personen (z. B. Pflegepersonal oder Angehörige) am Start ausschließen und die frischeste Spur der vermissten Person identifizieren und dieser auch unter Ablenkung folgen. Dabei auch noch alte, ältere und frische Witterungen unterscheiden können – auch nach Stunden und Tagen – und stets dem frischesten Geruch auch durch Ansammlungen von Geruch folgen. Und ein negatives Ende soll durch klare Abbruchsignale in alle möglichen Richtungen angezeigt werden.

Körperliche Voraussetzungen

Zu den physiologischen Voraussetzungen zählt insbesondere die Physiognomie des Hundes. So sollte er auch bei Belastung frei atmen können und eine ausgeprägte Nase mit einem breiten Nasenrücken aufweisen. Der Hund sollte weder zu groß noch zu klein oder gar zu schwer sein, um die anstrengenden Suchen durchzuhalten. Ein längsrechteckiger Körperbau zeigt recht wenige Anfälligkeiten für Erkrankungen des Bewegungsapparates oder des Skelettes verglichen mit Rassen, bei denen ins Extreme gezüchtet worden ist.

Ein kurznasiger Hund wie z. B. diese Französische Bulldogge mag zunächst einmal a priori keine schlechtere Riechfähigkeit als jeder andere Hund haben, aber ihr fehlt die Fähigkeit zum freien Atmen, die sich wiederum direkt auf die Riechfähigkeit auswirkt. Auch der Körperbau prädestiniert solche Hunde nicht für langes, ausdauerndes Laufen.

Es war ein langer, heißer und trockener Sommer. Die Sonne stand seit Wochen an einem blauen Himmel ohne jede Wolke. Die Luft flirrte über den ausgedörrten Äckern und dem heißen Asphalt. Sehr ungewöhnlich für Norddeutschland und deshalb umso willkommener, wenn auch nicht bei Landwirten und Einsatzkräften. Der Alarm kam zu einer guten Zeit: Sonnabend um 8:30 Uhr. Nach Rücksprache mit dem zuständigen Kommissariat überlegten wir schon etwas länger, ob wir unseren Hunden diese Suche zumuten wollen. Die Dame wurde seit über achtzehn Stunden aus ihrem Wohnheim vermisst. Es war seit langer Zeit heiß und trocken, und die Fahrt würde auch noch länger dauern. War es eine gute Idee, die Hunde bei zunehmender Hitze in die Suche zu schicken? Der Gesundheitszustand der vermissten Dame ließ allerdings kein weiteres Zögern zu. Auch wenn die Wettervorhersage wieder einen Tag mit über 30 Grad und keinerlei Niederschlag ansagte. Selbst die Nacht versprach keine wirkliche Abkühlung. Wie schon gesagt, die Dame wurde seit dem Mittag des Vortages vermisst. Abends und in der Nacht waren schon Trupps der Feuerwehr zu Fuß unterwegs gewesen, Fahrzeuge hatten mit Scheinwerfern und höherem Ausblick Straßenränder abgesucht und auch ein Hubschrauber war in der Luft gewesen. Die Dame war und blieb allerdings verschwunden.

Hier kamen wir dann ins Spiel. Vor dem Polizeikommissariat ging es erstmal darum, einen schattigen Parkplatz zu finden. Es war mittlerweile fast Mittag und die Sonne heizte alles noch mehr auf. Der Wind kam seit Tagen aus Südost und erinnerte an einen Fön. Den Kaffee nahmen wir ebenso dankbar entgegen wie die Möglichkeit, ihn auch wieder zu entsorgen. Viel Neues konnten die Beamten uns nicht berichten. Auf die Informationen, wo wer wann wie schon gesucht hat, haben wir wie immer verzichtet. Wir möchten, dass uns die Hunde den Weg zeigen. Die Sicherung eines guten Geruchsvorhaltes stellte uns diesmal nicht vor eine fast unlösbare Aufgabe, ebenso wenig wie die Abgangssuche. Es gab nur zwei Ausgänge, die in Frage kommen konnten. Den Hauptausgang konnten wir aufgrund der dauernd besetzten Rezeption erstmal vernachlässigen und am rückwärtigen Ausgang starten. Direkt vor der Küche, aber wenigstens war es ruhig. Der Abgang war relativ schnell bestimmt. Die Rasenfläche und die Wege im hinteren Bereich hat Hubble relativ schnell ausgeschlossen. In seinem schnellen, wiegenden Gang trabte er über den Parkplatz und direkt auf eine Verbindungsstraße zu. Die Beamten konnten den Ausflugsverkehr gerade noch so schnell stoppen, wie Hubble mit Gerrit im Schlepptau auch schon die Straße überquert hatte und sich sofort Richtung Westen orientierte.

Mit kurzen Kopfdrehungen suchte sich Hubble weiter die Straße entlang. Viele kleine Wege, die in landwirtschaftliches Gebiet führten, wurden ausgeschlossen.

Auf einem Hof, der zu einer Landschlachterei führte, mussten wir abbrechen, da ein nicht angeleinter Hund vom Gebäude aus Attacken in Richtung Hubble fuhr. Da bekannt war, dass die vermisste Dame außerordentlich gut zu Fuß war, brachen wir die Suche dann nach einigen hundert Metern weiter ab und beschlossen, dass wir im „Känguru-Sprung"[14] weitermachen würden. Hatte ich schon erwähnt, dass es mehr als heiß war? Die Wasserflasche war im Nullkommanichts leer und wir waren dankbar, dass wir im Heim Nachschub bunkern konnten. Das Auto hatten wir mit offenen Türen und einer Sonnenschutzplane im Schatten eines Baumes stehen gelassen. Was nicht wirklich viel an Abkühlung brachte, aber die Hunde hatten sich über die Wochen wohl an die Hitze gewöhnt. Und die Schweizer und der Franzose lieben die Wärme!
Also aufgesessen und die Strecke zurückgefahren, die wir eben noch abgesucht hatten. An einer günstigen Stelle drei Kilometer weiter voraus hielten wir dann an. Auch auf die Gefahr hin, dass wir auf eine alte Spur kamen, setzten wir Shania an. Sie zog erst in die eine, dann in die andere Richtung. Der Kopf ging jeweils hoch und sie stellte sich quer. Was sie uns damit zeigte, war ein ganz deutliches Negativ.
Oh, damit hatten wir dann doch nicht gerechnet! Also war der Abgang irgendwo hinter uns. Ab ins Auto und den Weg wieder zurück. Den nächsten guten Platz gesucht und auch hier wurde nur ein Negativ gezeigt. So allmählich wurden wir dann doch unruhig. So viele Meter trennten uns nicht mehr von der Stelle, an der wir vorhin abgebrochen haben. Lagen wir denn so verkehrt mit unserer Suche? Nach Rücksprache mit dem uns begleitenden Beamten fuhren wir dann wieder zurück an die Stelle, an der wir vor einiger Zeit abgebrochen hatten.
Hubble nahm hier ohne Zögern die Spur wieder auf und verfiel in seinen raumgreifenden Zuckeltrab. Hatte ich schon erzählt, dass es heiß war und der Schweiß bei allen Beteiligten die Körper hinunterrann? Nur wenige Meter hinter der Stelle, an der wir abgebrochen hatten, drehte Hubble energisch ein und überquerte den gepflasterten Hof der Landschlachterei, folgte einer Garagenwand und bog auf den Rasen ab, der sich unter Obstbäumen der Plantage befand. Wenn Hubble nicht so überzeugend gewesen wäre, wir wären nicht hinter ihm her. So folgte er einer Reihe von Obstbäumen, überquerte eine weitere Rasenfläche und folgte einem Trampelpfad weiter in eine Obstplantage. Wir tauschten dann aufgrund der Hitze und damit der erschwerten Bedingungen die Hunde und ließen Shania weitermachen. Sie bestätigte und verlängerte die Richtung von Hubble – sogar so energisch,

14 *Das Team überbrückt Wegstrecken mit dem PKW (eine ausführliche Erklärung folgt ab S. 199).*

dass mir die Leine aus der schweißnassen Hand rutschte. Auf mein Rufen kam sie aber zurück, ich konnte die Leine wieder aufnehmen und wir arbeiteten weiter. Bis zum Ende eines Grabens, der die Plantage begrenzte, wo sie sich drehte. In diesem Moment blieb sie abrupt stehen, riss ihren Kopf hoch, richtete sich auf und zeigte wie eine Kompassnadel eine direkte Richtung an. Ich rief den Beamten zu: „Da vorne muss sie sein!“ Das Übliche, dass ich sonst keine Einsätze mehr annehme oder die Hunde als Nr. 17 süß-sauer in einem Restaurant enden, sparte ich mir. Wir haben dann zunächst in ungläubige Gesichter geblickt und die Suche fortgesetzt.
In diesem Moment knackte das Funkgerät und wir alle blieben wie angewurzelt stehen. Das Funkgerät meldete, dass die Person gerade aufgefunden wurde: Im Graben liegend in einer Obstplantage. Der Fundort war, wie sich herausstellte, nur 180 Meter Luftlinie von unserem Standpunkt entfernt! An dieser Stelle beginnt dann das „hätte, hätte“. Was ebenso für die Einsatzkräfte der Nacht vorher galt: Es wurde genau das Gebiet an der anderen Straßenseite abgesucht. «

Dies zeigt, zu welchen Leistungen Hunde fähig sind. Natürlich müssen die Rahmenbedingungen passen, aber die Leistungsfähigkeit auch unter schwierigen Bedingungen und die Reichweite des Geruchssinnes sollten auch nicht unterschätzt werden.

Fokussierung

Die Fähigkeit zur Fokussierung ist eine wichtige und hohe Voraussetzung für den Sucherfolg. Hunde, die ihren Auftrag verstanden haben, versinken in ihrer Nasenwelt. Sie fokussieren sich völlig auf den Individualgeruch, den sie in der Startsequenz bekommen haben und sortieren alle anderen Gerüche fortwährend aus. Dadurch sparen sie Energie für andere Aktivitäten. Es kommt vor, dass der Hund aufgrund seiner totalen Fokussierung auf der Spur gegen die Stoßstangen parkender Autos läuft, umfällt, wieder aufsteht und unbeeindruckt den Weg weiterverfolgt. Das hat nichts mit Dummheit oder gar Autismus zu tun, sondern mit fast meditativer Konzentration.

Auch so etwas sollte nicht ablenken.

Die Teamarbeit

Grundsätzlich gelten für die Teamarbeit im Realeinsatz drei Voraussetzungen:

Erstens: Passung des Teams

Wenn über Jahre Teams beobachtetet werden, dann kann der Grundsatz 1+1=3 festgestellt werden. Das bedeutet: selbst wenn es sich um einen hervorragenden Hundeführer handelt und er einen großartigen, talentierten Hund an seiner Seite hat, aber die beiden passen (zunächst) einfach nicht zusammen, dann bleibt es eine Zwei. Erst wenn Hund und Hundeführer zu einer Einheit verwachsen sind, wird aus zwei Individuen durch die Passung eine Drei.

Grundsätzlich haben Hundeführer, die sehr stark auf den Hundeführer bezogene Hunde gewohnt sind, große Probleme mit der Unabhängigkeit der Rassen, die besonders für die Personensuche geeignet sind. Diese Rassen sind im Haus sehr wohl auf ihre oder ihren Hundeführer bezogen und lieben es, mit ihm zu rangeln und zu schmusen, auf der Jagd sind es aber eigenständig jagende Rassen ohne Führerbezug. Der Hundeführer ist für sie eher ein Widerstand an der Suchleine als ein Orientierungspunkt. Im Vordergrund steht die Aufgabe – folge dem Geruch!

Ähnlich schwer tun sich mitunter Halter von Hunden, die einen starken „will to please" haben. Gute Personenspürhunde haben eher den „will to tease".

Ein „Miteinander" auch ohne Worte.

Es kann enorme Schwierigkeiten sowohl mit der Eigenwilligkeit als auch der Sensibilität dieser Rassen geben. So wollen Hunde, die für die Suche geboren sind, nicht minutenlang unbeweglich auf einem Fleck liegen, wo doch alles um sie herum verlockende Gerüche ausströmt und erkundet werden will. Mit Härte wird man bei diesen Hunden nämlich nichts erreichen. Dann gehen sie in die Verweigerung. Die letzten Meter über der Müdigkeitsgrenze läuft der Hund nur, wenn eine gute Beziehung besteht. Es geht also um eine liebevolle Konsequenz.

Als Hundeführer sollte man selbst ein Stück dieser Eigenwilligkeit und Selbständigkeit in sich tragen, um diese beim Hund akzeptieren oder manchmal auch ertragen zu können. Aus diesem Grund bringt es den Hundeführer auch nicht weiter, wenn er sich einen Hund holt, der sehr gut für die Aufgabe ist, aber nicht dem „Beuteschema“ des Hundeführers entspricht. Ob Hund und Hundeführer tatsächlich passen, ist relativ einfach zu beobachten: werden die Gesichtszüge und die Stimme weicher, wenn der Hundeführer sich dem Hund zuwendet? Ist eine Verbindung durch „sich aufeinander beziehen“ spürbar?

Zweitens: Arbeitsverteilung

Es ist ganz einfach: Bei der Lageerkundung, bei der situativen Bewertung, bei einsatzstrategischen und -taktischen Entscheidungen, bei der Auswahl des Startpunktes entscheidet der Hund gar nichts – die Aufgaben liegen komplett beim Hundeführer.

> Die Arbeitsverteilung ist immer situativ.

- Wenn der Hund sichtbar im Arbeitsmodus ist und auf der Spur einen Weg geradeaus ohne Abzweigungen läuft, wird nur ein geringer Teil der Aufmerksamkeit für das Lesen des Hundes und das Beobachten von Umgebung und äußeren Einflüssen verwendet – den Hauptteil der Aufgabe übernimmt der Hund. Der Hundeführer wartet eigentlich nur auf Veränderungen.
- Wenn der Hund unsicher wird, muss der Hundeführer die taktischen Entscheidungen treffen und den Hund aktiv unterstützen. Hier ist die Arbeit ungefähr gleich verteilt.
- Wenn der Hund in eine Situation kommt, die ihm unangenehmen ist, ist der Hundeführer gefordert, die Führung zeitweilig zu übernehmen. Also den Hund zu motivieren, zu ermutigen und auch zu locken.

Bei eingespielten Teams, die über Jahre zusammenarbeiten, stellt sich die Frage gar nicht mehr. Beide Teampartner wechseln je nach Suchsituation Aufgabe und Führung.

Drittens: Miteinander arbeiten und zusammenwachsen

Hier geht der Hundeführer voran.

Im Idealfall ergänzen sich die Eigenschaften, die Fähigkeiten und die Aktivitäten der Teampartner während der Suche optimal.

Ohne Frage harmoniert ein Team, das schon lange zusammenarbeitet, besser als eines, das gerade beginnt. Weil sie sich kennengelernt haben, weil sie voneinander gelernt haben, weil sie sich einschätzen können, weil ihre Aufgabenverteilung klar ist und weil ihre Kooperation über Jahre trainiert und erprobt ist.

Es ist auch so, dass ein im Realeinsatz erfahrener Hundeführer Vorteile hat, weil er Hunde allgemein schneller und besser lesen kann und schneller und besser angemessen reagiert. Insbesondere, wenn er die Rasse bereits ausgebildet und geführt hat: Kennst du einen, kennst du alle! Dies vereinfacht und erleichtert die Zusammenarbeit. Das Grobtuning stimmt schon mal von vornherein.

Steiniger und dornenreicher wird der Weg, wenn der Hundeführer die Rasse wechselt. Je weiter die Rassen von ihrer Aufgabe und damit Anlage voneinander entfernt sind und je länger der Hundeführer eine bestimmte Rasse und Klasse von Hunden hatte, desto mehr muss er sich selbst und seine Vorgehensweise entwickeln und verändern. Er arbeitet daran, die neue Rasse kennen zu lernen, er muss den individuellen Hund und dessen Persönlichkeit kennenlernen und sich daran anpassen und er arbeitet in Teilen auch gegen seine eigenen Erfahrungen und Gewohnheiten.

Und um genau diese Anforderungen und darum, wie sie erreicht werden können, geht es auf den nächsten Seiten!

Die Schatztruhe der Erfahrung

Wie bei so vielen Dingen im Leben muss Gelerntes wiederholt werden, bis es wie im Schlaf abgerufen werden kann und sozusagen in Fleisch und Blut übergegangen ist. So auch in der Personensuche. Denn: „Erfahrungen – das sind die vernarbten Wunden unserer Dummheit.“[15]

Wie viele Alarmierungen und daraus resultierende Einsätze werden benötigt, bis wirklich die Erfahrung gekommen ist? Bis die Routine da ist und ein gutes Team an den Start geht? Wie schnell kann es auch passieren, dass es zu viel wird – sowohl für den Hund als auch für den Hundeführer. Sind über hundert Alarmierungen im Jahr wirklich noch in guter Qualität zu leisten? Oder ist auch hier das Ego wieder der Maßstab der Dinge? Kann ein Team wirklich gut werden, das vielleicht auf gerade mal fünf Alarmierungen im Jahr kommt?

Die eigenen Fähigkeiten richtig einzuschätzen gehört wohl zu den schwierigsten Dingen im Leben. Und ist doch so wichtig bei der Bewertung der eigenen Qualität der Arbeit. Jeder von uns hat seinen „blinden Fleck“.[16] Dieser „blinde Fleck“ wird von einem selber nicht wahrgenommen und die Abwehrmechanismen sorgen auch dafür, dass es so bleibt. Dies hindert aber daran, ein Manko zu erkennen und es abzustellen. Umso wichtiger wird es, sich ehrliche und damit durchaus auch unangenehme Rückmeldungen von anderen Personen einzuholen, damit das eigene Können realistisch eingeordnet werden kann. Gutgemeinte Rückmeldungen, die Fehler nicht offen benennen oder entschuldigen, hindern die Entwicklung und Verbesserung.

Welpen oder Einsteigerhunde sollten sofort mit zu Einsätzen genommen werden. Natürlich gehen sie nicht selbst in die Suche, sondern verbleiben in der Box innerhalb der vertrauten Umgebung und kommen, sofern es sich einrichten lässt, zwischendurch zu einem kurzen Spaziergang nach draußen, um sich zu strecken und zu lösen. Aber die künftigen Personenspürhunde gewöhnen sich vom Anfang an die zukünftige Einsatzsituation: Die ungewöhnlichen Einsatzzeiten, geändertes Verhalten (und Geruch) des Hundeführers, Blaulicht, Fahrzeuggeräusche, viele Menschen und allgemeine Unruhe und Durcheinander. Durch diese dosierte Gewöhnung sollte der Hund eine wunderbare Gelassenheit entwickelt haben.

15 *Mark Twain, 1835-1910, amerikanischer Schriftsteller*

16 *Bekannt durch das „Johari-Fenster“: eine grafische Darstellung der Unterschiede in der Wahrnehmung seiner selbst und durch Fremde*

Ein gut ausgebildeter und einsatzerfahrener Hund arbeitet mit zunehmendem Alter immer ökonomischer und ressourcensparender, effizienter und hält damit auch länger durch.

Die Ausbildung eines Personenspürhundes ist nie wirklich beendet oder abgeschlossen. Wichtig für den Erfolg im realen Einsatz sind aber bestimmte Voraussetzungen:

Hat das Team schon in diesem oder einem ähnlichen Gebiet gearbeitet?

Eines sollte an dieser Stelle schon mal klargestellt werden: Die Einsätze, von denen hier berichtet wird, sind ausschließlich Suchen nach vermissten Personen im überwiegend städtischen Bereich. Es wird weder auf die Thematik von Ermittlungsarbeit eingegangen noch geht es um die Verfolgung von flüchtigen Straftätern und auch nicht um Suchen in irgendwelchen Halbwüsten in den USA.

Daher kann es von entscheidender Bedeutung sein, ob in dem aktuellen Gebiet bereits trainiert wurde oder Einsätze gelaufen worden sind. Zu unterschiedlich sind die Anforderungen, je nachdem, ob die Suche in einer auch nachts belebten Großstadt oder in einer sehr ruhigen ländlichen Gegend stattfindet. In der Regel sind im städtischen Bereich sehr viel mehr Ablenkungen in Form von Autos, LKWs, Passanten etc. vorhanden. Wenn von einer Kreuzung die Rede ist, ergibt sich schon ein gravierender Unterschied, ob es sich um eine Kreuzung in einem verkehrsberuhigten Wohngebiet eines Dorfes handelt oder aber um eine Kreuzung, bei der vierspurige Einfallstraßen in einer Großstadt aufeinandertreffen. Topographie und Thermik stellen die Teams vor unterschiedliche Anforderungen. Die Wahrscheinlichkeit, im städtischen Bereich tatsächlich die vermisste Person zu finden, gehen gegen Null. Denn selbst in Großstädten fällt es auf, wenn jemand mit einem Kopfverband oder im Pyjama des Nachts durch die Stadt geistert.

Zudem wird bei der Polizei aufgrund der demographischen Entwicklung der Bevölkerung die Thematik bzw. Problematik der zunehmenden Demenzerkrankungen aufgegriffen und geschult.[17]

17 Seminar der Polizeiakademie Hamburg

Endet die Suche an einem Fluss oder See, so kann die Kenntnis der Strömungsverhältnisse Aufschlüsse über den möglichen Verbleib der Person geben – hier sind Fischer oder Segler eine verlässliche Informationsquelle.

Hat das Team Erfahrungen mit Suchen im häuslichen Umfeld der vermissten Person (überlagernde Spuren)?

In den meisten Fällen verschwindet die Person aus dem häuslichen Umfeld, seien es die eigenen vier Wände oder eine andere Art der Unterbringung. Wenn die Person dort schon länger gewohnt hat, dann gibt es Gerüche, die sich über Jahre angesammelt und gefangen haben können. Nicht nur, dass sich der Geruch um oftmals nur wenige Minuten unterscheidet – er hat sich auch noch über Jahre und Jahrzehnte angesammelt und eine große Geruchswolke entstehen lassen. Es ist nicht immer einfach für den Hund, aus diesem Neben- und Übereinander von fast identischen Gerüchen den frischesten zu identifizieren und ihm aus der Wolke zu folgen. Ein Problem kann sich daraus ergeben, dass es ein üblicher Weg der vermissten Person ist, diese ihn über Jahre gegangen ist und so eine dominante Spur entsteht. *Wenn aber alles so wäre wie immer, dann wäre die Person schon längst wieder nach Hause zurückgekehrt.*

Die frischeste Spur kann an irgendeiner, auch unerwarteten Stelle, von der dominanten Spur abweichen. Unerwartete Stellen können dabei nicht nur Straßen oder Wege sein. Es kommt vor, dass es quer über eine Wiese oder auch mitten durch ein Gebüsch geht. Hier gilt es zu wissen, welchem Geruch der Hund folgt. Dem frischen oder dem dominanten Geruch? Und welches Suchverhalten wird wobei gezeigt?

> Idealerweise nimmt der Hund den dominanten Geruch auf und folgt dem frischesten Geruch.

Aus diesem Grund sind auch Prüfungen wenig sinnvoll, bei denen die „vermisste Person“ sich tage- oder sogar wochenlang nicht in der Nähe des Prüfungsgebietes aufhalten darf. Wenn aber genau dies eine der häufigsten Situationen darstellt, dann sollte genau dies auch geübt werden. Für den Fortgang der weiteren Suche kann es von entscheidender Bedeutung sein, dass das Team eben aus diesem Geruchsfeld herausfindet.

Kann der Hundeführer den Hund lesen und erläutern, wie dieser bestimmte Situationen (Alter der Spur / Negativ / negatives Ende) anzeigt?

Viel hängt davon ab, ob die Körpersprache des Hundes deutlich zu lesen ist. Die Frage an sich ist einfach: Woran ist zu erkennen, dass sich der Hund sicher auf der Spur befindet (Positiv) und woran, dass hier keine Spur / Geruch ist (Negativ)?

Das kann sich bei jedem Hund durchaus unterschiedlich äußern. Deshalb ist es unerlässlich, seinen eigenen Hund und dessen Körpersprache genau zu beobachten und zu kennen. Nur so kann die Aussage, ob der Hund auf der Spur ist oder nicht, sicher getroffen werden. Jette zeigt den Unterschied recht deutlich – wie auf den Fotos unten zu erkennen ist. Mehr dazu ab Seite 76.

Die Körperachse ist gebogen, die Nase hoch und die Rute halbhoch – hier geht es nicht weiter. Negativ!

Hier zeigt Jette durch eine gerade ausgerichtete Haltung mit Körperspannung, halbhohe Nase und aufgerichtete Rute, dass sie auf der Spur ist: Positiv.

Bei Suchen im städtischen Umfeld ist die Negativ-Anzeige von großer Bedeutung. Der öffentliche Personennahverkehr ist besser ausgebaut. Haltestellen liegen dicht zusammen und der Fahrplan weist eine engere Taktung auf. Während Linien auf dem Land ausgedünnt werden und vermisste Personen deshalb oftmals weitere Strecken laufen (müssen) oder ein Fahrrad nutzen, enden Spuren im städtischen Umfeld tatsächlich häufig an Bahn- oder Bushaltestallen. Ideal ist es, wenn nicht nur die Haltestelle im weiteren Bereich angezeigt wird, sondern gegebenenfalls auch ein benutzter Sitz oder der Fahrkartenautomat.

Zu der üblichen Zeit zwischen 22:15 und 23:00 Uhr klingelte mal wieder das Telefon. Eine Dame wurde seit dem gestrigen Abend vermisst. Sie wollte einfach nur mal spazieren gehen, war aber noch nicht zurückgekehrt. Nachdem wir vor Ort genügend getragene Wäsche als Geruchsvorhalt zur Verfügung hatten und ihr Ehemann zum Ausschluss vor Ort war, waren wir guter Dinge. Der Start war direkt an der Haustür und die Umgebung bestand aus Einzelhäusern an einer ruhigen Einwohnerstraße. Also endlich mal ein günstiger Start und ein gefühlt einfaches Suchgebiet. Kurzes Anriechen am Geruchsvorhalt und schon ging die Suche los. Mit tiefer Nase, konzentriert und sehr zielstrebig ging es die kleine Straße entlang. Deutliches Anzeigen und ein energischer Schwenk nach rechts in einen Wanderweg, der in ein kleineres Naherholungsgebiet führte. Stockduster war es hier, die Stirnlampe konnte nur einen kleinen Ausschnitt erleuchten. Mitten auf dem Weg ging der Hundekopf plötzlich hoch und drehte sich nach links ein. Der Hund richtete sich komplett in diese Richtung aus. Genau auf eine Herde von Pferden zu. Nicht wirklich gut, so dachte ich. Wir gingen zurück und wieder die Straße entlang, die wir eben verlassen hatten. Diese führte uns dann auf eine doch recht große Kreuzung einer Einfallstraße mit mehreren Querstraßen, die zusammen ein kleines Zentrum mit Arztpraxen, Restaurants und etlichen Geschäften bildeten.
Es war schon gut, dass in diesem Fall die Kreuzung für uns, wenn auch nur in Teilen, abgesperrt wurde. So konnten wir die Suche zügig fortsetzen und alle Einmündungen und Eingänge abchecken. Nicht nur andere Straßen und kleine Stichwege liefen auf die Kreuzung zu, sondern auch Einfahrten zu einem Hotel, einem Ärztehaus und mehreren Bürogebäuden. Alles haben wir abgesucht und nacheinander ausgeschlossen. Die Stichwege, die Einfahrten und die anderen Straßen – bis auf eine! Dieser folgten wir zügig, an der Bushaltestelle vorbei und weiter und weiter. Dann ein

Wechsel auf die andere Straßenseite und an der nächsten Querstraße kam wieder der berühmte Abbruch. Musste es denn schon wieder eine Bushaltestelle sein? Dass diese Bushaltestelle genau in Windrichtung lag, die der Hund an der Pferdekoppel angezeigt hatte, machte das Ende erklärlich, aber nicht unbedingt besser.
Doch der zweite Hund, den wir ansetzten, zeigte ein ähnliches Suchverhalten. Angesetzt an der Kreuzung ging es an der Straße lang bis genau zu dieser Haltestelle. Wie schon gesagt: machte es auch nicht besser. Bei uns zeigten sich erste Ermüdungserscheinungen, aber so einfach wollten wir dann doch nicht aufgeben. Ein Blick auf die Fahrpläne zeigte, dass an dieser Stelle drei Buslinien hielten. Nun, welche sollte unsere sein? Die Linie, die bis in die nächste größere Stadt fuhr? Oder lieber die Linie, die bis zu einem Wohngebiet fuhr oder doch lieber die Linie, die an einer Bahnstation endete? Die Linie in die nächste Stadt wurde verworfen, da wir hier eine Landesgrenze überschritten hätten. So einfach darf eine Suchaktion nicht in einem anderen Bundesland fortgesetzt werden. Da müssen schon offizielle Stellen eingebunden werden. Wir entschieden uns dann für die Buslinie, die nach drei Stationen an der Bahn endete. Wenn wir hier keinen Erfolg hätten, würden wir einfach weiter- und nicht zurückfahren können.
Auch wenn mir immer noch unbehaglich dabei ist, unseren Transporter im Halteverbot zu parken, so habe ich es hier doch wieder getan. Schließlich hatten wir Begleitung in Uniform. Den Startbereich zu wählen war hier ziemlich einfach. Von einem Endhaltepunkt eines Busses zum nächsten und so einfach die Reihe längs. Wir waren gerade auf dem Weg zum hinteren Ende, da ging der Kopf des Hundes nach unten und die Rute nach oben. Mit einer solchen deutlichen Anzeige, dass hier eine Spur war, hatten wir absolut nicht gerechnet! Während wir noch auf dem Weg zum Bahnsteig waren, wurden die uns begleitenden Beamten von einer Passantin angesprochen, wie ich aus dem Augenwinkel bemerkte. Wir hatten mittlerweile den Bahnsteig nach einer zügigen Suche erreicht und es gab eine Anzeige des Hundes in einem Wartehäuschen. Es war mal wieder Ende und Abbruch angesagt. Doch es stellte sich heraus, dass die Passantin eine wichtige Zeugin war. Sie hatte unsere vermisste Dame in der Bahn gesehen und sogar ein Gespräch mit ihr geführt – ein sehr nettes Gespräch und es hatte keine Auffälligkeiten im Verhalten gegeben.
Auch wenn es mal wieder ein Abbruch an einer Bahnstation war, so hatten wir doch die Gewissheit, dass unsere Hunde (und auch wir) wieder einen guten Job und so ziemlich alles richtig gemacht hatten. Die vermisste Dame wurde übrigens dehydriert am nächsten Tag an einem Rückhaltebecken in einem anderen Stadtteil aufgefunden, in der Nähe der Endhaltestelle einer Bahnlinie.

Hier zeigt sich, wie wichtig eine deutliche Anzeige des Hundes ist. So wird deutlich gemacht, ob

- die Person nie vor Ort war oder
- die Spur, aus welchen Gründen auch immer, nicht weiterverfolgt und kein Abgang angegeben werden kann.

Hat das Team Erfahrungen mit älteren und/ oder längeren Trails?

Wie schnell passiert es, dass aus zeitlichen oder organisatorischen Gründen im Training fast nur relativ kurze und frische Spuren gearbeitet werden. Die Spuren, die im Einsatz verfolgt werden, sind aber in der Regel älter – meistens im Zeitrahmen von 12 – 14 Stunden. Und die Länge ist im Vorfeld nicht bekannt. Um zu wissen, welches Verhalten der Hund bei älteren Spuren zeigt, müssen diese trainiert werden, ebenso wie wechselnde Längen. Wenn immer nur Spuren bis zu einer bestimmten Länge trainiert werden, dann wird manch ein Hund dazu neigen, nach dieser Länge die vermisste Person zu erwarten. Hunde sind schließlich ressourcenorientiert! Für den Einsatz erfordert es aber einen Hund, der eben nicht an einer bestimmten Anzahl von Meter „abschaltet“. Dies bedeutet natürlich auch, dass ein gutes Training aufwändiger und zeitintensiver wird.

Kann das Team suchen, auch wenn es immer wieder Negativs zeigen und weitersuchen muss?

Die wenigsten Suchen enden mit dem Fund der vermissten Person. In den meisten Fällen ist das Ende an Bus oder Bahn, die Person wird während der Suche aufgegriffen oder der Hund ist erschöpft. Umso wichtiger wird es, dass der Hund von sich aus Motivation aus dem Verfolgen der Spur an sich bezieht – und nicht aus dem Finden an sich. Bei diesen Hunden geht es darum, die Motivation zu erhalten – nicht aber, sie aufzubauen. Hier sind Hunde zu bevorzugen, die über Jahrhunderte oder sogar

Jahrtausende auf diese Aufgabe selektiert worden sind – eben Jagdhunde. Hunde, denen dies nicht in den Genen mitgegeben worden ist, tun sich hier schwerer. Hier wird eben eher gegen und nicht mit dem Hund gearbeitet.

Hat das Team Erfahrung in der Sicherung von Geruchsvorhalten?

Gerade bei älteren Personen, die aus Wohnanlagen abgängig sind, kann die Sicherung eines eindeutigen Geruchsvorhaltes schwierig werden. Hier erfordert es Erfahrung mit Geruchsvorhalten aller Art – sowohl textiler als auch nicht textiler Art, sowohl groß als auch klein und winzig.

»*Bei dieser Alarmierung hatten wir einen dieser Menschen der Variante „Gut gemeint ist das Gegenteil von gut gemacht“ vor uns. Von den Schwierigkeiten, in Pflegeheimen einen guten Geruchsvorhalt zu sichern, können wir ein Lied singen. Und kaum hatten wir ein Kleidungsstück der vermissten Person erfragt, das wirklich nur die vermisste Dame anhatte, das nicht in irgendwelchen Sammelbehältern aufbewahrt wurde, da hielt die Pflegekraft uns genau den Pullover, der eben nicht in Sammelbehältern aufbewahrt wurde, triumphierend vor die Nase! Und anders als sonst wurden keine Einweghandschuhe getragen. Wir waren ziemlich begeistert. Der einzig brauchbare Geruchsvorhalt und jetzt schöner frischerer Geruch anhaftend! Auch wenn die Pflegekraft uns schon vorher signalisiert hatte, dass sie ja eigentlich schon längst den wohlverdienten Feierabend hätte – hiergeblieben! Denn damit der Hund den von ihr am Pullover anhaftenden Geruch ausschließen konnte, hieß es: mitgekommen zum Startpunkt! Nachdem der Hund die Pflegekraft ausschließen konnte und somit sichergestellt worden war, dass wir tatsächlich unserer vermissten Personen und nicht einer Spur der Pflegekraft folgen, konnte wir die Suche starten.*«

3. Und dann ist da noch…

Vereinbarkeit von Ehrenamt, Beruf und Familie

Wie überall bei einem ehrenamtlichen Engagement stellt sich auch in der Rettungshundearbeit die Frage nach der Vereinbarkeit mit Familie und Beruf. Selbst wenn der Einsatz am Abend oder in der Nacht stattfindet und der Melder geht – können Kinder alleine bleiben und spielt der Arbeitgeber mit?

»*Die Alarmierung kam zu der üblichen Zeit am Abend. Aus der Notaufnahme eines Krankenhauses war ein älterer Mann, der wegen einer Kopfverletzung eingeliefert worden war, in unbekannter Richtung verschwunden. Wir waren gerade mit Freunden bei einer Feier, als der Melder ging. Wir haben uns höflich, aber zügig verabschiedet. Was für ein Glück, dass die Freunde aktiv bei der Freiwilligen Feuerwehr engagiert waren – das erspart Erklärungen und Begründungen. Die Autobahn war nur sehr wenig befahren und es gab keine Verzögerungen. Den Geruchsvorhalt wollten wir im Altersheim sichern, die Gegenstände aus der Notaufnahme waren nicht zu verwenden. Wir waren gerade an der Rezeption angekommen, als sich herausstellte, dass der Einsatz abgebrochen wurde. Die vermisste Person wurde in der Zwischenzeit von aufmerksamen Passanten in einer Kleingartenanlage aufgefunden. Der Kopfverband und die der Jahreszeit nicht angemessene Bekleidung hatte sie aufmerksam werden lassen. Ein Blick zur Uhr – bis Mitternacht konnten wir wieder zurück sein, um mit den Freunden auf das neue Jahr anzustoßen. Es war die Silvesternacht.*«

Wie sieht es aus: Muss für Kinder, andere Hunde oder pflegebedürftige Angehörige eine Betreuung sichergestellt werden? Spielt diese immer mit und ergibt sich hier vielleicht finanzieller oder auch zeitlicher Aufwand? Besteht in der Familie und auch beim Arbeitgeber die Akzeptanz für ein Ehrenamt? Auch dann, wenn die Familie oder der Arbeitsplatz fluchtartig verlassen werden muss oder die Arbeit später aufgenommen wird? Und findet es auch noch Zustimmung, wenn mehrmals im Monat der Melder geht und man müde und mental erschöpft nach Hause kommt?

Da kommen ja die Wunderhunde

Immer häufiger kommen bei Vermissten- oder auch forensischen Fällen Personenspürhunde zum Einsatz.

Es war eine der üblichen Alarmierungen am späten Abend. Die Lage können wir schon mitsingen: „Vermisst wird die 89jährige … orientierungslos und verwirrt … Medikamente …“. Und genau dafür sind die Hunde und wir ausgebildet. Also ab ins Auto und los. Treffpunkt wieder im Polizeikommissariat. Die Fahrt verlief ungestört und selbst für unseren Bus gab es einen Parkplatz direkt vor Ort. Geklingelt, die Tür öffnete sich gleich und wir wurden mit den Worten „Da kommen ja die Wunderhunde!“ begrüßt.

Je nachdem, welche Erfahrungen die Einsatzkräfte bisher sammeln konnten, wird schon mal „Ah, die Wunderhunde“ oder „Ach, die Wunderhunde“ gesagt. Es gibt nicht gerade wenige Fälle, in denen eingesetzte Hunde nicht nur kein brauchbares Ergebnis geliefert haben, sondern auch in die genau entgegengesetzte Richtung gesucht wurde. Hier ist, mal wieder, die Verantwortung des Hundeführers gefragt. Selbst wenn man davon ausgehen können sollte, dass das Team weiß, was es tut, so ist eine erfolgreiche Suche an diverse Voraussetzungen geknüpft. Der verantwortungsbewusste Hundeführer zeigt nicht nur die Möglichkeiten, sondern auch die Grenzen seines Sucheinsatzes auf und nennt auch die Bedingungen, unter denen ein Einsatz überhaupt nur möglich ist.

Die lassen sich mal wieder Zeit!

„Alle Deutschen genießen Freizügigkeit im ganzen Bundesgebiet". Diese Passage ist im Grundgesetz Artikel 11 Absatz 1 festgeschrieben worden. Dies bedeutet, dass Erwachsene, die im Vollbesitz ihrer geistigen und körperlichen Kräfte sind, das Recht haben, ihren Aufenthaltsort frei wählen zu dürfen. Dies gilt auch, wenn niemand über diesen neuen Aufenthaltsort informiert wird. Auch der Familie muss dies nicht mitgeteilt werden. Eine Vermisstensuche durch die Polizei wird eingeleitet, wenn „eine Person ihren gewohnten Lebenskreis verlassen hat, ihr derzeitiger Aufenthalt unbekannt ist und eine Gefahr für Leib oder Leben angenommen werden kann"[18].

Wenn der Aufenthaltsort der Person bekannt ist und sie wohlauf ist, dann kann mit dem Einverständnis der Person die aktuelle Anschrift weitergegeben werden – sie muss es aber nicht. Bei Minderjährigen wird generell davon ausgegangen, dass eine Gefährdung immer besteht.

Zuständig für die Bearbeitung einer gemeldeten Vermisstensache ist im Regelfall das Polizeirevier, in dessen Bereich die vermisste Person ihren Wohnsitz genommen hat. Fallweise wird auch der KDD (Kriminaldauerdienst) hinzugezogen.

Nach Würdigung der vorliegenden Informationen werden weitere Suchmaßnahmen eingeleitet und koordiniert. Im Einsatzfall werden über die jeweilige Rettungsleitstelle die verfügbaren Kräfte alarmiert. Dies sind neben Hundertschaften der Bereitschaftspolizei, Feuerwehren (in der Regel die freiwilligen Wehren) und Hubschraubern mit Wärmebildkameras auch die privaten Hundeführer. Da es sich bei den rettungshundeführenden Organisationen wie DRK, ASB oder auch DLRG u.a. um Vereine des privaten Rechts handelt, werden auch diese zu den privaten Einsatzmitteln[19] gerechnet – im Gegensatz zu den Diensthunden bei staatlichen Institutionen wie Polizei, Zoll oder Bundeswehr. Als „Anstalt des öffentlichen Rechts" nimmt das THW hier eine besondere Position ein.

In die Datei „Vermisste/Unbekannte Tote" („Vermi/Utot") werden die Daten von vermissten Personen aufgenommen. Sie enthält die Daten

- aktueller Vermisstenfälle
- unbekannter Leichen
- nicht identifizierter hilfloser Personen (HiLoPe) und
- der dem BKA gemeldeten ausländischen Fälle.

18 BKA - Internet Ausdruck

19 Einsatzmittel sind laut FwDV 100 Einrichtungen, Fahrzeuge, Geräte und Materialien, die Einsatzkräfte zur Auftragserfüllung benötigen.

Zugriff haben neben dem BKA auch die 16 Landeskriminalämter. Anhand dieser Datei können aufgefundene Personen möglicherweise offenen Fällen zugeordnet werden. Wenn aufgrund von Beschreibungen eine zweifelsfreie Identifizierung nicht erfolgen kann, wird auf einen DNA – Abgleich gesetzt. Diese Datei wird aktuell gepflegt. Jeden Tag werden ca. 250 bis 300 neue Vermisstenfälle aufgenommen und gelöscht. Die meisten Suchen erledigen sich zur Hälfte innerhalb der ersten Woche, innerhalb eines Monats liegt die Quote bei 80%. Länger als ein Jahr werden lediglich 3% der Personen vermisst.

Die Verteilung der vermissten Personen, die in der Datei erfasst werden, ist sehr ungleich verteilt. Männer werden mit einem Anteil von zwei Drittel deutlich häufiger vermisst als Frauen. Jugendliche bilden ungefähr die Hälfte aller vermissten Personen ab. Über die weitere Verteilung des Alters werden keine weiterführenden Angaben gemacht.

Die Polizei leitet Maßnahmen nur ein, wenn die Kriterien für die geforderte Vermissteneigenschaft erfüllt sind.

Wie setzen sich nun die Zeiten für eine Alarmierung zusammen?

Auch wenn „auf der Suche nach der verlorenen Zeit" einen anderen Inhalt hat, so stellt sich doch die Frage, wie es kommt, dass – gefühlt – erst relativ spät alarmiert wird, wenn es um die Suche nach vermissten Personen geht. Angenommen, dass in einem Seniorenwohnheim um 12 Uhr zu Mittag gegessen wird, dann ist die Person zu diesem Zeitpunkt sicher das letzte Mal gesehen worden. Gegen 18:00 Uhr, zum Zeitpunkt des Abendessens, fällt es auf, dass die Person nicht zum Essen erschienen ist. Noch muss nicht davon ausgegangen werden, dass jemand verschwunden ist. Vielleicht ist er oder sie im Haus unterwegs, besucht jemanden oder hat vielleicht auch einfach keine Lust oder keinen Appetit. Üblicherweise wird das Abendessen beendet. Dann werden Verwandte, Freunde oder andere Bezugspersonen befragt. Wenn sich hier nichts ergibt, werden das Gebäude und die umliegenden Grünanlagen mehr oder weniger gründlich von oben bis unten durchsucht. Auch hier verstreicht wieder Zeit. Wenn die Polizei dann informiert und die weiteren Einsatzkräfte alarmiert werden, sind bereits etliche Stunden verstrichen.

Die Polizei übernimmt den Fall und stellt vielen Personen viele Fragen. Eine Personenbeschreibung wird übernommen oder erstellt. Sofern das Einsatzmittel „Hund“ bekannt ist, erfolgt eine Alarmierung. Nicht immer sind sofort Trupps in der Nähe verfügbar. Dann wird die Anfrage an eine andere Leitstelle weitergegeben.

Im Regelfall wird in einem Zeitfenster von sechs bis zwölf Stunden alarmiert.

Es gibt auch kürzere und längere Alarmierungszeiten. Letztere hängen aber nicht, wie manchmal behauptet wird, damit zusammen, dass die Führer von Personenspürhunden sich mit erfolgreichen Suchen nach mehreren Tagen brüsten, sondern schlicht und ergreifend mit der Zeit, die verstreicht.

Die Zeit läuft weiter, bis das Team vor Ort eingetroffen und die Lage vorgestellt worden ist. Es kann auch sein, dass kein Geruchsvorhalt vor Ort gesichert werden kann, sondern an einem anderen Ort gesichert werden muss. Hund und Hundeführer benötigen auch noch Zeit für die Erledigung von hygienischen Bedürfnissen, bevor es endlich an den Start geht.

Zu bedenken gilt es auch, dass bei sehr kurzen Alarmierungszeiten die Anzahl von Personen, die während der Anfahrt gefunden wird, erfahrungsgemäß zunimmt.

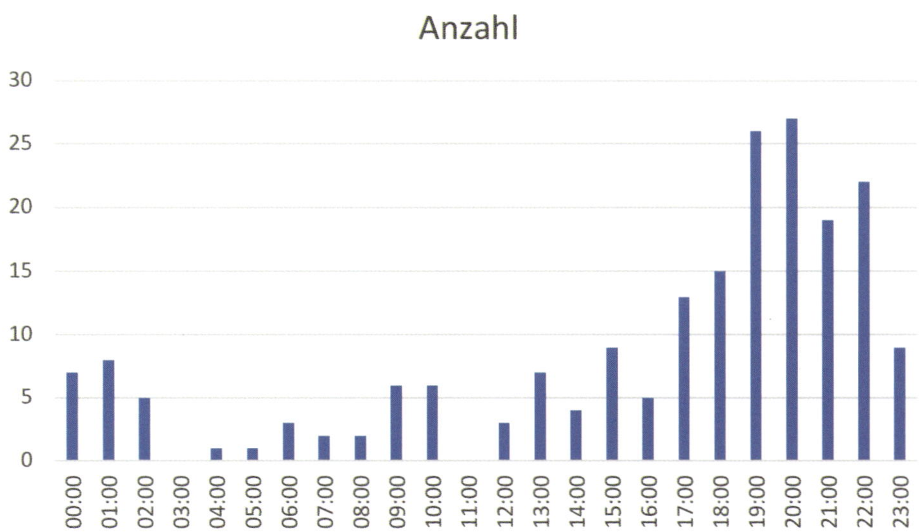

Eine Auswertung von 200 Alarmierungen zeigt die zeitliche Verteilung der eingehenden Anforderungen. Deutlich wird die Häufung im Zeitfenster zwischen 19:00 und 22:59 Uhr.

Mission Impossible

Nicht jede Alarmierung muss immer angenommen werden. Es gibt gute Gründe für eine Ablehnung. Das kann an folgenden Komponenten liegen:

Hund

1. der Hund ist krank oder verletzt
2. der Hund ist aufgrund einer Vielzahl von oder schwierigen Suchen erschöpft
3. die Leistung in der oder den letzten Suchen konnte nicht mehr überzeugen und gewisse Themen müssen erst im Training aufgearbeitet werden
4. der Hund ist zu alt und kann einfach nicht mehr

Mensch

1. der Mensch ist krank oder verletzt
2. der Mensch ist aufgrund von vielen oder schwierigen Suchen erschöpft
3. die Leistung in der oder den letzten Suchen konnte nicht mehr überzeugen und gewisse Themen müssen erst im Training aufgearbeitet werden
4. der Mensch ist zu alt und kann einfach nicht mehr

Obwohl das Telefonat schon beendet war, blickte ich noch lange auf das Gerät. Etwas in mir zögerte noch und doch war ich überzeugt, dass meine Entscheidung richtig war. Nicht jeder Einsatz muss angenommen werden und die vorliegende Situation sprach in allen Punkten dagegen. Jeder in der Stadt, der aufmerksam das Tagesgeschehen verfolgt hatte, wusste von dieser vermissten Person. Eine ganze Stadt suchte seit Tagen nach diesem vermissten jungen Mann. Nach einer Party war er nicht mehr in sein Hotel zurückgekommen. Ein Diensthundeführer hatte die Spur am nächsten Tag bis zur Elbe verfolgt und eine Videoaufzeichnung zeigte ihn betrunken und auf dem Weg in Richtung Hafen direkt an einem Gebäude und nur wenige Meter von der Elbe entfernt. Hier gab es nicht nur eine Videoaufzeichnung, sondern auch eine belastbare Zeugenaussage.

Und jetzt sollte diese Person vor zwanzig Minuten mitten in der Innenstadt von einem Passanten erkannt worden sein. Nach 14 Tagen, in denen eine ganze Stadt nach dem jungen Mann gesucht hatte. Das konnte ich kaum glauben. Zeugenaussagen sind gerade in solchen Fällen kritisch zu betrachten. Kein weiterer Zeuge hatte die vermisste Person dort erkannt. Es ist kaum zu erklären, weshalb jemand, dessen Foto durch alle Medien gegangen ist, nach 14 Tagen durch die Stadt läuft und vorher nicht erkannt wurde, sich bei besorgten Angehörigen nicht gemeldet hat – das war schon schwer zu glauben. Nun ist es leider so, dass vermisste Personen schon häufiger in der Elbe aufgefunden worden sind. Eine Absage war somit eine logische Entscheidung.

In den Medien wurde dann später folgende Information veröffentlicht:[20] ... Der Zeuge verfolgte den Mann, ... , verlor ihn ... aber nach kurzer Zeit aus den Augen. Die Polizei war schnell vor Ort, um die Suche in der Gegend zu intensivieren. Dabei kamen auch drei Spürhunde zum Einsatz.

Die Hunde nahmen verschiedene Fährten auf, konnten die Beamten aber nicht zu dem Vermissten führen. Gegen 22.30 Uhr brach die Polizei die Suche ab."

Lage

1. es besteht Gefahr für Hund und / oder Mensch
2. es gibt keinen genau bestimmbaren Abgangsort
3. es gibt keinen vernünftigen Geruchsträger
4. es ist ein sehr gealterter Trail

Hier stellt sich ganz deutlich die Frage, wie realistisch die physische und psychische Belastbarkeit des Teams, also von Hund und Mensch, eingeschätzt wird. Was steht im Vordergrund? Der Mensch, der vermisst wird, oder doch das eigene Ego?

20 *https://www.mopo.de/hamburg/polizei/neuer-zeugenhinweis-polizei-sucht-an-der-laeiszhalle-nach-vermisstem-schotten-liam-29770488*

Wer ist hier der Boss?

In der KatS-DV 100 (Katastrophenschutz-Dienstvorschrift 100) wird der Einsatz von Kräften im Katastrophenfall geregelt. Diese Dienstvorschrift wird analog im Einsatz angewendet, auch wenn kein Katastrophenfall im strengeren Sinn vorliegt. Demnach obliegt die Einsatzleitung in Sucheinsätzen grundsätzlich der Polizei. Die KatS-DV wurde von etlichen Organisationen in eigene DV z. B. FwDV[21] 100 übernommen. In diesem Sinne sind Rettungshundestaffeln kein originäres Einsatzmittel im Katastrophenschutz (KatS). Sie werden deshalb hilfsweise organisatorisch unter dem Sanitätsdienst geführt. Der Staffelleiter einer Rettungshundestaffel ist somit kein Einsatzleiter. Er berichtet dem übergeordneten Einsatzabschnittsleiter Rettungshunde oder Fachberater Hund.

Aufgabe des Einsatzabschnittsleiters Rettungshunde ist die Koordination der vor Ort anwesenden Staffeln, die Vorgabe der Suchtaktik und Einteilung der Suchgebiete sowie die Kommunikation und Information mit Einsatzleitung und Staffelleitern. Die Staffelleiter wiederum teilen ihre Hundeführer in die Suchgebiete ein und berichten dem Einsatzabschnittsleiter Rettungshunde.

Beachtet werden sollte auch, dass außer den Rettungshundestaffeln der Feuerwehr als Körperschaft des öffentlichen Rechts (KdÖR) und des THW als Anstalt des öffentlichen Rechts (AdÖR) andere Organisationen aufgrund ihrer Rechtsform „eingetragener Verein“ dem privaten Recht und den jeweils daraus folgenden Regelungen unterliegen.

Was ist ein Erfolg?

***„Nirgends wird so viel gelogen wie vor dem Krieg,
in der Liebe und nach der Jagd.“***[22]

Und welche Rolle spielt dabei das Team aus Personenspürhund und Hundeführer? Die meisten werden jetzt reflexartig antworten: „Die Aufgabe des Teams ist es, die vermisste Person zu finden.“ Das ist in dieser Form viel zu kurz gedacht. Im realen Einsatz existieren noch (mindestens) zwei Rollen und Aufgaben: Da gibt es die primäre Aufgabe des Teams als Pfadfinder, denn der erfolgreiche Einsatz ist in den

21 *Feuerwehrdienstvorschrift*

22 *Otto von Bismarck*

meisten Fällen auf eine konstruktive, zielführende und abgestimmte Zusammenarbeit und ein Zusammenwirken verschiedener Einsatzmittel zurückzuführen.

»*Die aktuelle Alarmierung führte uns (mal wieder) in die „kleine Stadt für Senioren". Ein großer Komplex für Senioren, bestehend aus mehreren und breit verstreuten Gebäuden in einer parkähnlichen Anlage in Flussnähe. Den Geruchsvorhalt konnten wir schnell sichern und auch der Abgang war schnell gewählt – direkt vor dem Eingang. Hier war unsere vermisste Person definitiv am Nachmittag gesehen worden. Obwohl der Mann bereits seit längerer Zeit hier wohnte und häufig durch die Tür ein- und ausgegangen war, konnte Google den Abgang zügig und zielgerichtet bestimmen. Mit tiefer Nase und zur Sichel gebogener Rute zog er den Weg entlang, bog am Ende nach rechts ab und steuerte auf eine Kreuzung zu. Eine Kreuzung mit zwei bis drei Streifen in jede Richtung ist – ehrlich gesagt – nicht unser Lieblingsgelände. Schon gar nicht des Nachts, auch wenn die Polizei für uns absperrt. Umso größer unser Erstaunen, dass Google lieb und brav dem Fußweg weiter folgte und die Straße am Fußgängerüberweg querte. In seinem Trab, der schon sehr nach Pass aussah, folgte er unbeirrt der Straße. Die Beamten hielten ihren Streifenwagen neben uns an und aus dem geöffneten Fenster kam die Frage: „Wie sicher seid ihr euch, dass der hier längs ist?" „Sehr sicher, so wie der Hund hier arbeitet", kam unsere prompte Antwort. „Dann ist ja gut. Wir fahren mal ein Stück voraus. Vielleicht finden wir ihn ja." Genauso passierte es dann: einen guten Kilometer die Straße weiter geradeaus wurde unsere vermisste Person gefunden. Mit Trippelschritten hatte er die Strecke bewältigt.*«

Häufig führen, wie in diesem Fall, die durch die Personenspürhunde gewonnenen Erkenntnisse zum Einsatz weiterer Einsatzmittel, die dann zum Fund führen. Nicht vergessen werden sollte auch, dass andere Richtungen ausgeschlossen und Ressourcen gezielter eingesetzt werden können.

Erst die sekundäre Rolle des Teams ist die des „Findens". Wer nur das Finden der vermissten Person als einziges Erfolgsmerkmal gelten lässt, wird nicht nur irgendwann völlig enttäuscht und desillusioniert den Einsatz quittieren, er verwendet genauso einen Maßstab, der den unterschiedlichen situativen Gegebenheiten nicht gerecht wird. Im Prinzip vergleicht er Äpfel mit Birnen und behauptet, beide wären dasselbe.

Einsätze in ländlichen Regionen kann man nur schwerlich mit Einsätzen in der Großstadt vergleichen. Die Chancen, einen alten Menschen zu finden, der gegen Abend aus einem Altenheim eines kleinen Dorfes auf dem Land verschwunden ist, ist höher als in einer Großstadt. Die Menschen auf dem Land müssen noch richtig gehen, weil die Infrastruktur an Bus und Bahn ausgedünnt ist. Damit gibt es eine durchgehende Spur. Auch fallen Personen, die unangemessen bekleidet eine Straße entlangwandern, eher auf. In größeren Städten hingegen mit ihrer gut ausgebauten Infrastruktur haben die eingesetzten Suchteams sehr häufig Leersuchen, die tatsächlich und im Nachhinein auch erwiesen an der Haltestelle von Bus, S- und U-Bahn und Zug enden. Wie schon von Stephanitz sagt:

„Spurarbeit auf dem Lande bietet dazu die besten Aussichten auf Erfolg wegen der einfacheren Verhältnisse, des geringen Verkehrs und weil der Führer mit dem Hund meist bald zur Stelle sein kann, schneller als ein von weither herbeigerufener städtischer Beamter".

Beide über einen Kamm zu scheren mit dem Maßstab „Nur der eigene Fund zählt!", wäre schlichtweg ungerecht und realitätsfremd.

Eingedenk dieser Vorüberlegungen sollten reale Ergebnisse aus Einsätzen bewertet werden. Also: Erfolg oder nicht?

1. Die Alarmierung ist erfolgt. Der Einsatz wird vor Abfahrt, auf der Anfahrt oder nach Ankunft am Einsatzort abgebrochen. Kein Erfolg, aber auch kein Grund zum Fluchen und Klagen. Fehlalarme halten wach und bieten die Gelegenheit, die eigene Rüstzeit und Ausrückzeit zu verbessern. Diese Situation macht eine Vielzahl aller Alarmierungen aus.
2. Der Hund wird am Ausgang des Altenheims gestartet, geht eine Leinenlänge in alle Richtungen und zeigt ein klassisches Negativ. Im Nachklang stellt sich heraus, dass die vermisste Person mit einem Taxi vom Haupteingang weggefahren ist.
3. Der Hund eiert nach Erhalt des Geruchsvorhaltes herum. Weder startet er noch zeigt er ein klares Negativ. Hier kann man sicherlich nochmal einen Wechsel des Geruchsvorhaltes, des Suchhundes, einen anderen Abgangsort etc. versuchen. Wenn dann auch nichts kommt, gehört dieser – zum Glück seltene Fall – als Akte ungeklärt ins Archiv.
4. Der Hund nimmt die Spur vor einem Krankenhausgebäude auf, verfolgt sie durch das Gelände und findet am Ende die vermisste Person lebend.

Die Aufgabe des Trailers ist nicht nur das direkte Auffinden der zu suchenden Person. Sehr viel häufiger gefragt und oftmals wichtiger ist die Bestimmung der Abgangsrichtung und eine Aussage darüber, ob die Person überhaupt vor Ort war oder von dem Ort weggegangen ist. Der Personenspürhund ist hier eher in einer Aufgabe als „Aufklärer" zu verstehen. Aufgrund der Aussagen des Trailers wird dann die weitere Vorgehensweise festgelegt.

Dies bedeutet für das Team, dass man kein Einzelkämpfer ist, sondern sich als Teil des Ganzen versteht. Nicht das Finden um jeden Preis (und ein damit verbundenes größeres Risiko des Scheiterns), sondern das Einordnen in ein größeres Ganzes zeigt Größe.

Das Ganze ist mehr als die Summe seiner Teile

Man sollte sich von dem Gedanken trennen, dass der Hund vorne an der Leine seinen Job von alleine gut macht und die Aufgabe des Hundeführers darin besteht, am anderen Ende der Leine dem Hund entspannt zu folgen. Weit gefehlt! In den meisten Situationen ist der Hundeführer massiv gefordert. Der Hund folgt dem Geruch und der Hundeführer unterstützt ihn dabei, macht ihm die Suche so leicht wie möglich. Er muss in jeder Situation den Überblick behalten. Wenn die Suche hektisch oder unrund wird, muss er Ruhe in die Aufgabe bringen. Permanent ist der Hund zu lesen. Wie deutlich ist die Körpersprache? Liegt eine Situation vor, in der Unterstützung durch den Hundeführer erforderlich ist? Aber das Team besteht nicht nur aus Hund und Hundeführer. Der Flanker gehört ebenso dazu wie alle anderen Helfer, wie Einsatzabschnittsleiter und Einsatzleiter Rettungshunde, wie Sanitäter und Feuerwehr und so weiter. Alle bei der Suche involvierten Personen gehören zum Team.

Zur Teamarbeit gehört die umfassende Weitergabe von Informationen. Der Hundeführer sollte allerdings darauf verzichten, die angebotenen Informationen zum üblichen Verhalten der vermissten Person anzunehmen. Hier ist es besser, sich einfach nur auf die gezeigte Leistung des Hundes zu verlassen. Selbstverständlich sollte es aber sein, dass der Hundeführer jederzeit Informationen über den zurückgelegten Weg und den Grad der Sicherheit weitergeben kann und auch wird. Wenn sich eine Besonderheit ergibt, dann sollte diese auch weitergegeben werden.

„Große Dinge ereignen sich nicht mittags um zwölf Uhr zehn. Sie wachsen langsam.[23]“

Hund und Hundeführer funktionieren als verbundene Teile, die ein Ganzes ergeben. Sobald etwas verändert wird, sei es durch Hinzufügen oder Änderung der Rahmenbedingungen, verändert sich das System. So macht es einen Unterschied, ob Hund, Hundeführer und Flanker/Helfer in mehreren Einsätzen gemeinsam gesucht haben oder ob bestimmte Personen und andere hinzugekommen sind. Das „System“ muss sich dann für diesen Einsatz erstmals wiederfinden. Denn wenn sich die Struktur im System ändert, dann wird sich auch das Verhalten ändern. Es sollte nicht linear, sondern in Kreisläufen gedacht werden: Was wurde wie gemacht – hat es funktioniert – was sollte geändert werden, damit es funktioniert (besser funktioniert) – hat es funktioniert – wenn ja, dann aus dem Kreislauf aussteigen, wenn nein, dann ändern. Immer daran denken, dass keine Vorgehensweise immer und überall funktioniert. Wie oft kommt es, gerade bei Kleinigkeiten, zu Änderungen im Verhalten oder Ablauf, die die Aufgabe der Personensuche neugestalten und idealerweise verbessern.

23 *Kurt Tucholsky, 1890-1935, deutscher Journalist und Schriftsteller*

4. Suchqualität

Bestimmende Faktoren

Die Suchqualität, die ein Team zu leisten imstande ist, hängt von mehreren Faktoren ab. Sie ergibt sich aus den individuellen Leistungsvoraussetzungen und ist abhängig von einem systematisch aufbauenden Training der Kompetenz von Hund und Hundeführer. Sie speist sich aus der Trainings- und Einsatzerfahrung und der Fähigkeit zur Fokussierung und Konzentration des Hundes auf den Geruch und die Spur.

Insgesamt wird der Hund umso besser in seiner Suchmotivation sein, je

- höher seine grundsätzliche verfügbare körperliche und mentale Leistungsfähigkeit ist
- höher seine angeborene Arbeitsintelligenz für die Suchaufgabe ist
- besser seine physiologischen und physiognomischen Voraussetzungen sind
- systematischer sein Suchverhalten aufbauend trainiert und stabilisiert wurde
- erfahrener und routinierter und damit auch ressourcenschonender der Hund in der Suche ist
- fokussierter der Hund in der Suche ist und Triebigkeit und Fokussierung im Gleichgewicht sind und
- höher der Such- und Finderwillen ist.

Suchqualität entsteht aus einem hohen Suchwillen (Finden der Spur) und einem extrem hohen Finderwillen (Verfolgen der Spur).

Noch einmal: Wichtig ist, dass der Hund insbesondere im Bereich Finde- oder Finderwille eine sehr hohe Motivation hat! Diese Motivation sollte dabei immer zielgerichtet und kein wildgewordenes Losstürmen sein. Auch wenn es eine vermeintlich bessere Außenwirkung hat – es sieht schließlich nach etwas aus und macht mehr her als ein Hund, der sicher und ruhig dem Geruch folgt.

Suchwille ohne Finderwille
hat keinen Wert.

Jeder Hund kann trailen

***„In der Wirklichkeit hält dann aber der Schein nicht der Wahrheit stand.“*[24]**

Immer wieder ist zu hören – besonders natürlich von den Betreibern von Hundeschulen: JEDER HUND KANN TRAILEN! Natürlich kann jeder Hund trailen. Die Frage stellt sich nur, ob die Spur sicher und ausdauernd genug verfolgt wird, um den Anforderungen eines Rettungseinsatzes zu genügen. Im Idealfall tritt ein Hund an, der sicher und auch zügig sucht. In dem anderen Fall sucht ein Hund mit Überzeugung in der verkehrten Richtung. Und im schlimmsten Fall ist es begleitetes Spazierengehen an langer Leine. Die Problematik, dass der Hund den Hundeführer liest und sich dementsprechend entscheidet, ist vielfach ein Problem von Hunden, die für die enge Zusammenarbeit mit dem Menschen selektiert worden sind. Hier sind insbesondere die Hütehunde zu nennen. Diese Hunde wollen gefallen und gewöhnen sich auch gerne an, mit tiefer Nase zu „suchen“, da dies gewollt ist und bestätigt wird.

Die Diskussion um geeignete Hunde ist nicht neu. Bereits um 1900 wurde, wenn auch im Tempo und Stil der damaligen Zeit die Eignung bestimmter Rassen, allerdings in der Verwendung als „Kriegshund“, kontrovers diskutiert. Ausgeklammert

24 *Dem athenischen Staatsmann Perikles zugeschrieben*

wurden, ohne dass sie auch nur mit einer Zeile erwähnt worden sind, die sogenannten „Salonhunde".[25]

Auch wenn all diese Hunde bestimmt viel Freude am Suchen haben – im Gegensatz zum Hobby- oder Sporttrailen geht es im Einsatz nicht darum, ob dicke, dünne, kleine, große, blinde, taube, alte oder junge Hunde suchen können, sondern um die vermisste Person, die dort draußen liegt.

Denn was ist, wenn es schwieriger wird oder länger dauert? In erster Linie ist nicht die schiere Größe oder Statur entscheidend, sondern das Wollen und auch Können. Größere Hunde haben den Vorteil, dass sie einen größeren Bereich absuchen können, ohne sich dauernd bewegen und dadurch Ressourcen einsetzen zu müssen. Bei Rassen, die auf das Verfolgen von Spuren selektiert worden sind, wird es auch weitergehen, wenn es mal länger dauert, schwieriger wird oder mehrere Negative hintereinander gezeigt werden müssen. Die Konzentration ist bei diesen Hunden

25 *Ernst von Otto-Kreckwitz, a.a.O., S. 2*

gegeben – in voller Ausprägung und stundenlang. Denn „Wir züchten den Schweißhund mit schweren, hängenden Behängen, damit seine Aufmerksamkeit sich bei der Suche ganz auf die Fährte konzentrirt und nicht durch Geräusche irritirt werde“[26] und „Schwungvoll und funktional ist das Gangwerk. Denn hat die feine Spürnase erst einmal eine Fährte aufgenommen, gibt es kein Halten mehr. Bloodhounds arbeiten höchst konzentriert, und das – falls erforderlich – über Stunden hinweg. Diese enorme Leistungsfähigkeit unterscheidet sie von allen anderen Jagdhunden, deren Konzentration in der Regel deutlich früher nachlässt.“[27]

Oder anders gefragt: Wer hütet schon mit einem Beagle Schafe?

26 *Ernst von Otto-Kreckwitz a.a.O. S. 3*

27 *Der Hund: https://www.derhund.de/bloodhound/*

Der Yeti

Der Yeti ist wie Bigfoot oder der Wolpertinger ein Fabelwesen. Jedenfalls bisher. Viel wird darüber geredet – doch wirklich gesehen hat ihn noch keiner. Ähnlich verhält es sich mit Hunden, die alles können. Die Personenspürhund, Flächen- und Trümmersuchhund sind, in der Wassersuche reüssieren und selbstverständlich auch noch jagdlich geführt werden. Sehr schön – und Wunschdenken. Jedenfalls, wenn auf einem sehr hohen Niveau erfolgreich gearbeitet werden soll. Denn wie bei Sportlern, die im Fünf-, Sieben- oder Zehnkampf antreten, wird auch jeder Hund und jedes Team eine Art „Lieblingsdisziplin“ haben, in der die Leistung am besten abgerufen werden kann. Nicht außer Acht gelassen werden sollte auch, dass die unterschiedlichen Suchformen auch unterschiedliche Anforderungen beinhalten.

In der Fläche wird ein bestimmter Geruch und ein dazu passendes Bild gesucht, in der Personensuche wird einem bestimmten Geruch gefolgt. Das macht auch das Umarbeiten von Hunden schwierig bis unmöglich. Ein Hund, der bisher gelernt hat, einen bestimmten Geruch zu suchen, wird auch in der Personensuche dieses Verhalten zeigen – besonders, wenn der Geruch verloren worden ist. Oftmals bleibt auch das Bild, das der Hund seinem Hundeführer, nämlich den Arbeitsmodus in der Suche zeigt, identisch. So wird es schwierig zu erkennen, dass der Hund den Geruch sucht und ihm nicht mehr folgt. So kann die Suche, obwohl der Hund ja sucht, auch schon einmal über Kilometer in die verkehrte Richtung gehen. Der Hund geht in ein Verhaltensmuster über, das ihm vorher oder sonst zum Erfolg in der Fläche verholfen hat.

5. Training für den Ernstfall

Trainieren mit Zielen

Gedacht heißt nicht immer gesagt,
gesagt heißt nicht immer richtig gehört,
gehört heißt nicht immer richtig verstanden,
verstanden heißt nicht immer einverstanden,
einverstanden heißt nicht immer angewendet,
angewendet heißt noch lange nicht beibehalten.[28]

Die Ausbildung sollte in einem systematischen und aufeinander aufbauenden Trainingskonzept, in kleinen Einheiten und vom Einfachen zum Schwierigen erfolgen. Weniger ist mehr und beugt Ausbildungsfehlern und Demotivation vor. Während der Ausbildung sollte das Ziel **SMART** formuliert und immer die Frage gestellt werden:

Wofür wird der Hund in dieser Sequenz belohnt?

Jeder Sportler übt wieder und wieder bestimmte Abläufe und Standardsituationen. Erst wenn die einzelnen Schritte wie im Schlaf abgerufen werden können, sollten die einzelnen Sequenzen zusammengesetzt werden. Bei welcher Fußballmannschaft besteht das Training nur aus 2x45 Minuten Spiel?

Ein Ziel **SMART** formulieren bedeutet, dass es

1. **S**pezifisch
2. **M**essbar
3. **A**ttraktiv
4. **R**ealistisch und
5. **T**erminiert

ist.

28 *Konrad Lorenz (1903-89), österreichischer Verhaltensforscher und Nobelpreisträger*

Wenn diese Kriterien vor Beginn des Trainings definiert worden sind, kann überprüft werden, ob das Ziel auch erreicht worden ist.

Das Ziel „Der Start muss besser werden" ist nur schwer umzusetzen, da eine Startsequenz aus vielen unterschiedlichen Punkten besteht. Die Formulierung „Ich will das Startkommando im richtigen Moment geben" ist da schon sehr viel genauer. Wenn jetzt noch „der richtige Moment" bestimmt wird, ist das Ziel wohlformuliert und die Erreichung kann einfach überprüft werden. In diesem Beispiel ist die Startsequenz in kleinere Schritte zerlegt worden. So kann effizienter an den Punkten gearbeitet werden, die verbessert werden sollen und die bereits guten Punkte werden gewürdigt und beibehalten.

Die Rückmeldungen sollen Beobachtungen schildern, dabei genau und nachvollziehbar formuliert sein. Der Hundeführer sollte als erste Person wiedergeben, wie genau die Übung aus der eigenen Sicht verlaufen ist. Dies bezieht sich auf die Beobachtung. Erst im nächsten Schritt erfolgt die Interpretation und die Bewertung. Wichtig ist, damit eine Entwicklung stattfinden kann: Was wurde gut gemacht (und wird beibehalten) und was wird nächstes Mal anders gemacht? Der Fokus auf „nicht gefallen hat mir ..." verharrt im Negativen und zeigt keinen Lösungsweg auf. Mit dieser Vorgehensweise wird die eigene Arbeit reflektiert – dem Ausbilder fällt damit zunehmend eine lediglich unterstützende Aufgabe zu.

Über das Lernverhalten des Hundes wird während Ausbildung und Training viel informiert und auch geredet. Doch was ist mit dem Lernverhalten des Menschen?

Stufen der Kompetenz

In der Psychologie gibt es die sogenannten Kompetenzstufen, die in vier Phasen vom Nichtwissen zum Wissen führen:

- Unbewusste Inkompetenz: In dieser Stufe kommt die Erkenntnis, dass es Dinge gibt, die nicht gelernt worden oder nicht bekannt sind. Hier wird noch nichts gelernt – aber die Motivation für das weitere Lernen erzeugt.
- Bewusste Inkompetenz: In dieser Stufe beginnt das Verstehen, dass wir Dinge lernen können und wie vorgegangen werden kann.
- Bewusste Kompetenz: In dieser Stufe beginnt das Lernen an sich. Noch fällt es schwer, da immer und immer wieder gelernt und geübt werden muss. Und nicht alles immer gutgeht.

- Unbewusste Kompetenz: In dieser Stufe haben sich die Fähigkeiten so verfestigt, dass sie permanent auf hohem Niveau abgerufen werden können und dies ohne Nachdenken geschieht.

In der Stufe der unbewussten Kompetenz bestehen aber Gefahren: Nicht nur, dass sich nicht genutzte Kompetenz auch wieder abbaut, sondern leicht wird jetzt auf andere herabgeblickt, die diese Stufe noch nicht erreicht haben. Oder sich aber besser wähnen, als man tatsächlich sind – das Dunning Kruger Phänomen.

Mehr Schein als Sein

Die beiden Wissenschaftler David Dunning und Justin Kruger formulierten einen vierstufigen Effekt, der ihren Namen trägt: Dunning-Kruger-Effekt.

Im Zusammenhang mit dem Intelligenzquotienten wird auch schon mal vom Downing-Effekt gesprochen oder im Englischen von der „superiority illusion".

So oder so läuft es aber darauf hinaus, dass ...

- inkompetente Menschen regelmäßig ihr eigenes Können überschätzen (Stufe 1),
- gleichzeitig aber nicht in der Lage sind, das Ausmaß ihrer eigenen Inkompetenz zu erkennen (Stufe 2),
- weshalb sie ihre Kompetenz nicht steigern können (Stufe 3) und
- die überlegenen Fähigkeiten von anderen immer wieder unterschätzen (Stufe 4).

Zugegeben, das klingt ein wenig nach Populärwissenschaft – was es auch ist – und weshalb die beiden Psychologen für ihre Entdeckung seinerzeit auch nur die satirische Auszeichnung des Ig-Nobelpreises[29] erhielten.

Dennoch kommt man nicht umhin zuzugeben, dass das beschriebene Phänomen (leider) weit verbreitet ist. Oft gehen Inkompetenz und Ignoranz miteinander einher und ersticken jeden Anflug von Kritik und (Selbst-)Erkenntnis im Keim.

„Ich weiß, dass ich nichts weiß."[30] Diesen Satz wird man von Betroffenen des Dunning Kruger Phänomens eher nicht hören. Sie sind vielmehr felsenfest von ihrer intellektuellen Überlegenheit überzeugt und versuchen dies auch regelmäßig

29 *https://www.improbable.com/ig-about/*

30 *Sokrates zitiert nach Cicero*

anderen zu vorzuführen – womit sie allerdings in gleicher Regelmäßigkeit das Gegenteil erreichen.

Das wohl amüsanteste und zugleich eindrücklichste Dunning-Kruger-Effekt-Beispiel findet sich in der Kriminalgeschichte:

Im Jahr 1995 beging McArthur Wheeler in Pittsburgh kurz nacheinander zwei Banküberfälle. Dabei verzichtete er auf jegliche Maskierung, obwohl beide Banken kameraüberwacht waren. Als die Polizei die Aufnahmen zur Fahndung im TV ausstrahlen ließ, konnte Wheeler noch am selben Abend identifiziert und gefasst werden.

Allerdings fragten ihn die Beamten auch, warum er sich denn nicht wenigstens maskiert habe. Seine Erklärung: „Ich hatte extra Zitronensaft aufgetragen." Wheeler war der festen Überzeugung, dass wenn Zitronensaft als Geheimtinte tauge, ihn die Substanz auch für Videokameras unsichtbar machen müsste. Tja.

Es gibt aber auch andere klassische Beispiele für den Dunning-Kruger-Effekt:

Das Gros der Autofahrer glaubt, deutlich besser zu fahren als der Durchschnitt.

Die meisten Fußballfans halten sich für taktisch klüger und kompetenter als die verantwortlichen Trainer und Manager ihrer Lieblingsmannschaft.

Was in früheren Zeiten der Stammtisch war, an dem jeder Anwesende Lösungen für die Probleme der Welt und der Fußballnationalmannschaft parat hatte, sind heute die sozialen Netzwerke. Meinung und Wahrheit wird nicht differenziert betrachtet und Aussagen werden nicht hinterfragt, sondern unkritisch übernommen.

Nach dem Motto „Besser stark behauptet als schwach bewiesen" vertrauen Personen ihrem Halbwissen und ihrer Unkenntnis mehr als den Experten mit ihrem tatsächlich vorhandenen Wissen.

Die Frage nach der Qualität

Seminare und Workshops bei und mit anderen Personen sind gerade für Einsatzteams ein „Muss". Wie leicht kann es passieren, dass sich Fehler im Aufbau oder durch immer wiederkehrende Personen, Gebiete und Übungen einschleichen. Nicht immer verfügt der Ausbilder in einer Staffel über ein tiefgründiges, fundiertes und auch durch Erfahrung erworbenes Wissen oder gar Hintergründe. Deshalb ist ein kritischer Blick von außen sehr wichtig.

Die Begriffe Ausbilder, Instruktor oder Hundetrainer sind nicht geschützt und auch der vorgelegte §11-Schein sagt nichts über die Qualität aus. Bevor aber irgendein Ausbilder, Instruktor oder Trainer für oftmals viel Geld gebucht wird, sollten einige Punkte beachtet werden:

1. Die Frage nach der Dauer der Erfahrung in der Personensuche mit eigenen Hunden, nach Ausbildung und Fort- und Weiterbildung als Ausbilder, nach der Tätigkeit als Trainer für Personenspürhunde und nach der Einsatzerfahrung
2. Die Frage nach der Vorgehensweise – denn nichts kann verwirrender und kontraproduktiver sein als ein Methodenwechsel. Viele Ausbilder schwören auf die von ihnen praktizierte Vorgehensweise – die aber nicht für jedes Team unbedingt die richtige sein muss. Hier gibt es erste Hinweise auf die Ausrichtung der Ausbildung und die Kompetenz der Ausbilder.
3. Bei einem bisher unbekannten Ausbilder bietet es sich an, ohne Hund teilzunehmen. So kann ganz entspannt festgestellt werden, ob der Trainer fachlich kompetent ist, gute Rückmeldungen geben kann, eine angenehme Lernatmosphäre herstellen kann und tatsächlich für jedes Team die passende Vorgehensweise hat. Denn viele Wege führen nach Rom! Bei einer Teilnahme ohne Hund stehen die Beobachtung und das Erkennen im Vordergrund und mit dem eigenen Hund muss nichts bewiesen werden.
4. Besser aber, man vertraut eher den Zweiflern und Kritischen unter den Ausbildern, sprich denen, die sich selbst auch mal in Zweifel stellen und zugeben, dass sie gerade keine Lösung für das aktuelle Problem haben – aber hinterher zeitnah eine funktionierende Lösung liefern oder auch mal laut über mögliche Vorgehensweisen nachdenken. Ein Risiko sollte aber nicht verschwiegen werden: Solche Ausbilder sind vielleicht auch sehr ehrlich und werden relativ schonungslos rückmelden, ob und warum Hundeführer und/ oder Hund oder auch das Team nicht geeignet sind.
5. Wie geht der Ausbilder mit den Teilnehmern um? Ist die Kommunikation wertschätzend und fördernd mit konstruktiver Kritik? Wird Raum gegeben, damit der Trainee auf eigene Lösungen kommt und seinen Weg gehen kann? Wenn es für einen Ausbilder nur einen, nämlich seinen, Weg gibt, wenn sich der Ausbilder in den Mittelpunkt stellt und der Trainee an allem schuld ist – dann sollte der Ausbilder aber schnellstens gewechselt werden!

Einsatznahe Übungen

Kein noch so schönes Einsatzseminar kann den realen Einsatz auch nur ansatzweise wiedergeben. Nicht nur, dass bei einem Training in der Regel Zeit und Ort bekannt sind, es geht auch nicht wirklich um etwas. Denn: „Wir können sowas nicht trainieren, sondern nur üben."[31] Üben kann man das Zusammenspiel der Einsatzkräfte und auch mal über die bekannten Grenzen gehen. Es ist und bleibt aber ein geplantes Szenario.

Gerade im Training sollten Situationen geübt werden, in denen Personen, die keine oder nur wenig Erfahrung mit Personenspürhunden haben, das Team begleiten. Die Hunde und auch die Hundeführer müssen es kennen, dass Personen vorweg gehen, um zu sichern und auch Straßen zu sperren, dass Fahrzeuge vor, neben oder hinter dem Team fahren. Es sollte auch eine Selbstverständlichkeit sein, in den Gebieten zu trainieren, in denen man hauptsächlich eingesetzt wird. Was nützt das gemeinsame Training mit Flächenhunden im Wald, wenn das Einsatzgebiet meistens im städtischen Bereich liegt? Ein Team sollte natürlich überall einsetzt werden können, aber die Suchgebiete unterscheiden sich und sollten dementsprechend auch trainiert werden. So wird selbst mit Absicherung eine Suche an einer Hauptstraße auch des Nachts nur an der relativ kurzen Leine möglich sein. Größere Städte schlafen niemals.

Neben dem bekannten Flanker sollten auch andere Personen mitgehen und während der Suche Fragen nach der Vorgehensweise und dem aktuellen Stand stellen. So wird das Team darauf vorbereitet, mit Störungen in der Suche umzugehen und Nachfragen von Unwissenden spontan und während der Suche zu beantworten. Und zwar ganz konkrete Fragen wie „Hat der Hund die Fährte?" oder „Sucht der auch wirklich?" oder „Sollen hier die weiteren Einsatzkräfte angesetzt werden?" Jederzeit sollte fundiert Auskunft über den Stand der Suche gegeben werden können. Dem Team soll auch bewusst gemacht werden, dass die Antwort sich auf den Einsatz von anderen Kräften auswirkt. Also durchaus auch rückmelden, dass die Freiwillige Feuerwehr (FF), die anderen Rettungshundestaffeln (RHS) und die Einsatzhundertschaft der Bereitschaftspolizei jetzt das Suchgebiet wechseln. Nur so kann der Hundeführer lernen, mit Störungen umzugehen und das Gefühl kennen, dass die Arbeit jederzeit beobachtet und auch kommentiert wird.

31 *Michael Ballack, 1974-, ehemaliger Fußballspieler*

Wenn ein Ernstfallszenario geübt wird, sollten auch wesentliche Rahmenbedingungen eingehalten werden. Der Geruch ist selber im Umfeld der vermissten Person zu sichern, die Angehörigen sind vor Ort und üben moralischen Druck auf den Hundeführer aus. „Sie finden meine Frau doch? Wir sind seit über 42 Jahren verheiratet und noch nie einen Tag ohne den anderen gewesen!" Selbstverständlich wird diese Übung im Double Blind durchgeführt. Nur so kann, wenn auch lediglich im Ansatz, die Unsicherheit in der Suche simuliert werden. Idealerweise sollte auch die Atmosphäre in einem Einsatz, gerade wenn viele Personen aus unterschiedlichen Organisationen beteiligt sind, so gut wie möglich abgebildet werden. Eine gewisse Hektik und Aufregung gehen an den meisten Personen nicht spurlos vorüber.

Die Leine in der Hand

Auf die Frage, wie denn die Leine gehandhabt werden soll, gibt es nur eine Standardantwort: Es kommt darauf an!

Egal, ob die Leine in Schlaufen in der Hand geführt wird oder auf dem Boden mitläuft – sie sollte immer die Führung zum Hund gewährleisten. Über die Leine besteht die Verbindung zum Hund, die nicht verloren gehen darf, um Änderungen im Suchverhalten über einen weiteren Kanal wahrzunehmen.

Mit diesem Leinensalat besteht kein Kontakt mehr zum Hund.

Vorteil einer langen Leine, die aber eher kurzgehalten wird, liegt schlicht und ergreifend darin: an Abzweigungen kann die Leine laufen gelassen und dem Hund damit Raum gegeben werden, ohne dass der Hundeführer sich gleich hinter dem Hund bewegen muss. Und auch wenn Beamte das Team begleiten und absperren: niemals kann ein Weg komplett abgeriegelt werden! Deshalb sollte die Leine, wenn entlang einer lebhaften Straße gesucht wird, nur so lang sein, dass der Hund maximal mit dem Nasenspiegel an den Bordstein reichen kann.

Von der Kunst, den Hund zu lesen

Was ist das Ziel?

Die Kunst, den Hund zu lesen, ist einfach formuliert: Bei jedem Meter auf der Spur schon vorher zu wissen, was der Hund als Nächstes tun wird. Und wenn er genau das tut – dann beginnt die schönste Zeit der gemeinsamen Suche. Hund und Hundeführer sind eins geworden.

Grundsätze beim Lesen des Hundes

Der Hundeführer sollte folgende Grundsätze beherzigen:

1. Trenne die Beobachtung durch alle Sinne „Sehen, Hören, Fühlen, Riechen und Schmecken“ von der Bewertung! Denn: „Nichts ist trügerischer als eine offenkundige Tatsache!“[32]
2. Jede Spur ist anders und jede Suche ist ein Experiment – das erfordert ein systematisches und gleichzeitig flexibles problemlösendes Vorgehen!
3. Achte auf Veränderungen – in Körpersprache, Verhalten oder Zug des Hundes
4. Achte auf Übereinstimmungen (Kongruenz) – Stimmigkeit von Verhaltensveränderungen des Hundes mit Veränderungen von Wind und Topographie
5. Achte auf Unstimmigkeiten (Inkongruenz) – Widersprüche von Verhalten des Hundes und Wind und Topographie

Wenn die Signale des Hundes genau unterschieden werden können, dann zeigt er über verschiedene Kanäle an, ob er richtig ist oder nicht.

32 *Sherlock Holmes*

Welche Arten von Signalen des Hundes gibt es?

Unterschieden werden können drei Arten von Signalen:

1. Hinweissignale
(oder auch Positivanzeigen) zeigen an, dass der Hund richtig ist und in welche Richtung die Spur weitergeht. Typische Signale sind:

- Kopfbewegungen, die situationsspezifisch verifiziert und immer in Verbindung mit anderen Körpersignalen, z.B. Änderung der Körperachse, gesehen werden müssen.

→ Änderungen der Körperachse verbunden mit Richtungswechsel

Unabhängig von der Rasse wird eine identische Bewegung gezeigt – die Körperachse hat sich in die neue Richtung eingedreht.

→ Eintauchen in den Geruchskanal: Der Körper geht vorn herunter und die Nase in die bodennahe Suche, verbunden mit Zunahme des Leinenzuges und des Tempos.

Rückgrat und Rutenansatz (und idealerweise auch die Leine) bilden eine gerade Linie und zeigen die Richtung deutlich auf.

2. Abbruchsignale

(oder auch Ausschluss-/Negativanzeigen) sind Hinweise, dass es hier bzw. dorthin nicht weiter geht. Typische Signale sind:

- ➞ Der Hund drosselt sein Tempo, verlangsamt, fängt an zu trippeln, der Zug auf der Leine lässt merklich nach.

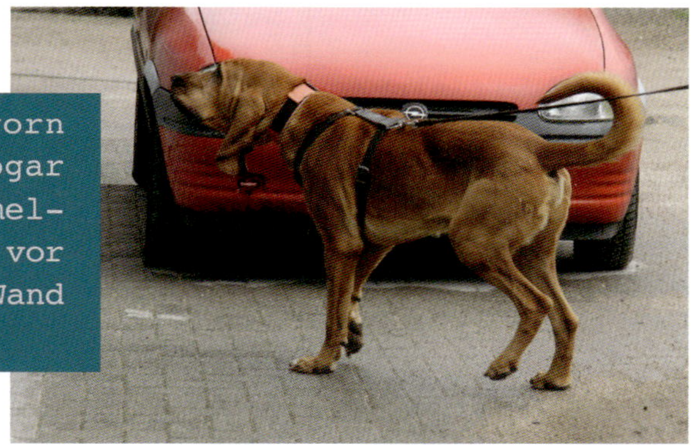

- ➞ Der Hund kommt vorn hoch, manchmal sogar mit dem Kopf himmelwärts, als wäre er vor eine unsichtbare Wand gelaufen.

- ➞ Der Hund bleibt stehen oder stellt sich quer.

- ➞ Der Hund dreht die Körperachse im Kreis oder auf dem Punkt und geht zurück.

3. Sondersignale
sind Signale, die spezifisch nur in ganz bestimmten Suchsituationen vorkommen, nur für den einzelnen Hund als Individuum typisch sind oder Signale, die speziell erworben und antrainiert sind. Die Signale können auch fließend in einander übergehen: aus einem Hinweissignal kann dabei auch leicht ein Abbruchsignal werden.

Hubble zeigt durch Schütteln an, dass er seine Entscheidung getroffen hat.

Es wächst zusammen ...

Immer wieder gibt es Situationen, in denen der Hund einfach nicht weiterkommt. Wenn ausgeschlossen werden kann, dass es sich hier nicht um die bequeme Orientierung nach hinten, sondern um ein wirkliches „Nicht-Weiterkommen" handelt, dann ist der zweibeinige Partner gefordert.

Auf Plätzen und an Kreuzungen kann es vorkommen, dass tatsächlich kein Geruch mehr vorhanden ist. Fatal kann es sein, wenn sich der Hund dann einen anderen

Geruch sucht, dem er folgt oder die Suche einstellt. Ein gut trainierter Hund, der deutlich ein Negativ anzeigt, kann vom Hundeführer in eine vorgegebene Richtung geschickt werden. Wenn hier nach einer Leinenlänge weiter kein Geruch zu finden ist, dann wird er drehen. So können Lösungen angeboten werden und der Hund aus einer Situation, die leicht zu einem Einfrieren führen kann, geholt. Ähnlich verhält es sich, wenn auf der einen Seite angezeigt wird, dass die Spur in eine bestimmte Richtung weitergeht, der Hund aber eben dieser Richtung nicht folgt, sondern stehen bleibt oder pendelt. Es kann vielfältige Gründe geben. Hier kann Meideverhalten in bestimmten Situationen (wie enge und dunkle Unterführungen oder Gitterrosttreppen) eine Möglichkeit sein. Ein Einfaches „auch mal vor dem Hund gehen“ kann dazu führen, dass dieses Hindernis zügig überwunden wird. Und wenn nach dem Hindernis kein Geruch mehr vorhanden ist – wird der Hund es anzeigen.

Apropos Anzeige:

Die Anzeige

In Prüfungen wird immer wieder verlangt, dass der Hund die vermisste Person deutlich anzeigt. Daher nimmt im Training häufig das Üben der „richtigen“ Anzeige einen recht großen Anteil ein. Schließlich steht in so gut wie jeder Prüfungsordnung, dass der Hund die gesuchte Person mit einem vorher mitgeteilten und festgelegten Verhalten zu identifizieren hat. Sei es durch Bellen, Vorsitzen oder Namen tanzen. So weit, so gut. Wie sinnvoll dies ist, sei mal dahingestellt. Wem nutzt eine formvollendete Anzeige – sei es durch Bellen, Vorsitzen oder Namen tanzen – wenn der Start nicht in die richtige Richtung geht?

Google und Forrest Gump hatten eine gute Vorarbeit geleistet. Google hatte den Abgang und einen großen Teil der Strecke erarbeitet. Und Forrest hatte sich nicht einmal irritieren lassen, als jemand aus dem großen Trupp, der uns folgte, genau in die Leine lief, als er sich ein Stück zurück orientierte. Dabei hatten wir um ausreichend Platz gebeten. Aber okay, er hat sich keinen Moment irritieren lassen. Emma hat dann die Strecke fortgesetzt. Und wieder einmal wurde es uns schwer gemacht – genau auf der von uns vermuteten Strecke, nämlich die Straße geradeaus weiter, wurde das komplette Einsatzequipment inklusive Aggregat neu aufgebaut. Und der Diesel wummerte ... Emma machte weiter und folgte der Straße tatsächlich gera-

deaus. In ihrer gründlichen Vorgehensweise vergewisserte sie sich allerdings ein Stück in jede Abzweigung hinein – um dann doch dem Weg zu folgen, den sie als erstes angedeutet hatte. Emma suchte, typisch für einen Beagle, über die Negative den Positiv. Sie folgte der Straße mit einer Vehemenz, dass wir entweder voller Überzeugung in die verkehrte Richtung laufen – oder aber unsere vermisste Person gleich gefunden haben. Wir arbeiteten uns eine ruhige Straße in einem Bereich mit Einzelhausbebauung voran, als der Zug noch deutlicher wurde und Emma schon das Hüpfen begann. Und erst dann sah ich es: unsere vermisste Person saß ruhig unter einem Baum! Ich war so verblüfft und konnte es kaum glauben, dass wir gefunden hatten. Und Emma erstmal! Sie hüpfte zur Person, kam zu mir zurück, sprang mich an und pendelte hüpfend zwischen der vermissten Person und mir hin und her. Deutlicher konnte sie mir es nicht zeigen.

Jeder, der lange genug seinen Hund trainiert hat, wird die Anzeichen erkennen, wenn sich der Hund in der Nähe der vermissten Person befindet. Das sogenannte „Annäherungsverhalten“ unterscheidet sich in der Ausprägung deutlich vom üblichen Suchverhalten. Und – im Regelfall gibt es eine Personenbeschreibung oder ein Foto der vermissten Person. Und wem nachts eine ältere Dame im rosa Morgenmantel oder ein älterer Herr im gestreiften Pyjama begegnet – der sollte sich dieser Personen beherzt annehmen und nicht auf eine Anzeige des Hundes warten.

Das Differenzieren von Personen sollte so ganz nebenbei in jedem Training geübt werden. Wenn der Hund im Training an Personen vorbeiläuft und diese nicht anzeigt, dann ist die Differenzierung und Anzeige verstanden. Bei Vermisstenfällen geht es weniger darum, eine Person aus einer Gruppe heraus zu identifizieren, sondern die Spur zu verfolgen. Wenn es denn schon sein muss, dann kann das Anzeigeverhalten auch gut separat aufgebaut und trainiert werden. Nicht immer muss im Training die komplette Handlungskette abgefragt werden.

Und ewig grüßt der „Kluge Hans“[33]

„Die Wissenschaft ist die Ortsbeschreibung der Unwissenheit.“[34]

Ein immer wieder ins Feld geführtes Argument, um das Scheitern von Hunden in der Suche zu erklären, ist die Geschichte vom „Klugen Hans“. Natürlich kann jeder Hund auf der Spur körpersprachlich beeinflusst werden. Und zwar auch unabhängig davon, ob die Spur bekannt ist – oder nicht. Denn eines ist klar: man kann nicht nicht kommunizieren.[35] Kaum jemand wird seinen Körper dermaßen beherrschen können, dass nicht eine Richtung durch die Körperachse vorgegeben wird. Denn auch die Gedanken beeinflussen den Körper.

Berücksichtigt werden sollte auch, dass „Hans“ rechnen sollte – eine Aufgabe, die üblicherweise nicht im natürlichen Repertoire eines Pferdes ist. Hunde dagegen sollen nicht rechnen, sondern RIECHEN – eine Fähigkeit, die ihnen angeboren ist.

Gerade zu Beginn der Ausbildung sollte auf bekannte Spurverläufe nicht verzichtet werden. Denn wie soll der Hundeführer lernen, den Hund zu lesen, wenn er nicht weiß, wie der Hund positiv und / oder negativ anzeigt? Und nicht immer ist es zielführend, am Wochenende auf leeren Großraumparkplätzen mit langer Leine zu trainieren. Natürlich muss auch geübt werden, dass niemand den Verlauf tatsächlich kennt und die Unsicherheit auch ausgehalten werden muss. Doch dies ist erst wohl dosiert im Laufe der Ausbildung angebracht.

Wichtiger ist es, den Partner so sicher zu machen und Verständnis zu entwickeln, dass er die Orientierung nicht benötigt, erwartet oder verlangt. Daher ist ein Übungsaufbau, bei dem der Ausbilder, nicht aber der Hundeführer den Spurverlauf kennt, nicht immer zielführend. Da Hunde ihr Ziel erreichen möchten, wird sich dann eben nicht am Hundeführer, sondern an den begleitenden Personen orientiert. Ein Hund, der die Sicherheit aus der Orientierung „nach hinten“ und dem Verhalten des Hundeführers gewinnt, ist im Einsatz fehl am Platz.

33 *Der „kluge Hans“ faszinierte und beschäftigte in den Jahren vor dem Ersten Weltkrieg die Menschen, da er das Ergebnis einfacher Rechenaufgaben durch die entsprechende Anzahl von Hufbewegungen mitteilte. Es stellte sich heraus, dass das Pferd nicht rechnen konnte, sondern auf unbewusste Signale einer wissenden Person reagierte.*

34 *Oliver Wendell Holmes, Sr. (1809–1894), US-amerikanischer Arzt und Essayist*

35 *Watzlawick (1921–2007), österreichischer Psychotherapeut und Kommunikationswissenschaftler*

N
ne
E
se

6. Wind und Wetter

„Der Wind, der Wind, das himmlische Kind!“

Der Wind ist ein Freund, wenn man ihn lesen kann – er liefert wesentliche Erkenntnisse und Erklärungen für das aktuelle Verhalten des Hundes, kann Hinweise über den weiteren Spurverlauf und erforderliche Einsatztaktiken in der jeweiligen Suchsituation geben. Daher sollte alles genutzt werden, was einen Hinweis auf Windrichtung und -stärke liefert. Heutzutage kann auf Smartphones jede Art von Wetter-App geladen werden. Und doch ist jeder selbst seine beste Wetter-App. Unabhängig von technischer Unterstützung sollte jeder jederzeit in der Lage sein, alleine durch „Spüren“ die derzeit herrschenden Wetterbedingungen zu bestimmen. Dies ist neben der Windrichtung auch die Windstärke, die Temperatur und die Feuchtigkeit. So schön Puder oder Seifenblasen auch sind, sie geben nur einen momentanen Ausschnitt der Bedingungen wieder. Bereits an der nächsten Ecke können sich Wind und Temperatur geändert haben. Erfahrungsgemäß wird auch in Höhe der Brust geprüft. Dabei sollte in der Höhe der Hundenase geprüft werden, wie hier die Bedingungen sind. Temperatur und Wind können sich in unterschiedlichen Höhen unterschiedlich verhalten. Wer aufmerksam ist, wird in der Umgebung viele Indikatoren gerade für Windstärke und -richtung finden, seien es Fahnen, Atemluft oder wirbelnde Blätter. Diese Hinweise können während des gesamten Trails beobachtet werden und ersparen das Pudern oder Hantieren mit Seifenblasen. Immer noch sollte das besondere Interesse dabei auf Hinweisen liegen, die sich in Höhe des Hundes befinden. Denn weiterhin gilt der Grundsatz: „Der Hund folgt nicht dem Menschen, sondern der Witterung des Menschen!“ Erfahrene Hundeführer entwickeln im Laufe der Jahre ein Gespür für Wind und Gelände. Luftströmungen verhalten sich oft ähnlich wie Wasserströmungen und haben in Teilen auch ähnliche Effekte, in diesem Fall Geruchsansammlungen.

Generell ist es für den Hund leichter, einer Spur zu folgen, bei der der Wind von hinten kommt. Der Rückenwind drückt die Geruchspartikel auf den Boden. Dadurch ist die Spur leichter zu verfolgen und der Hund lernt zeitgleich den Grundsatz „Alles Gute liegt am Boden!“ und damit die Tendenz zur Suche nahe am Boden. Wind von vorn verteilt den Geruch stärker und macht es dem Hund schwerer, eine genaue Richtungsortung durchzuführen. Außerdem verleitet er den Hund, über den Hochwind zu suchen. Dann gibt es Hunde, die dazu neigen, Fetzen von Geruch nachzujagen und sich dabei zu weit vom Geruchskanal zu entfernen. Dies verschlingt Ressourcen und kostet Zeit.

Gefühlte Kälte

Bei der Personensuche wird der Zeitfaktor auch stark durch die Windkühle (Windchill) bestimmt. Sie beschreibt den Unterschied zwischen der gemessenen Lufttemperatur und der gefühlten Temperatur in Abhängigkeit von der Windgeschwindigkeit. Die relativ warme körpernahe Luft wird mit ihrer Feuchtigkeit an die Umwelt abgegeben. Die dafür notwendige Energie wird von der Körperoberfläche abgegeben und damit kühlt diese aus. Die Temperaturen von Körperfläche und Umgebungsluft gleichen sich an – hierauf beruht die kühlende Wirkung.

Bei einer Windgeschwindigkeit von 25 km/h (4 Beaufort) und einer Außentemperatur von 5 Grad Celsius ist die gefühlte Temperatur 0,5 Grad, um bei -5 Grad Celsius auf -12,3 Grad zu sinken. Bei Windgeschwindigkeiten von 50 km/h (6 Bft) sinken die gefühlten Temperaturen auf -1,3 Grad bzw. – 15,0 Grad Celsius. Kälteschäden (Erfrierungen) können bereits ab -5 Grad auftreten – dies ist bei einer Außentemperatur von 0 Grad und einer Windgeschwindigkeit von 25 km/h schon erreicht. Hier tut Eile not. Wenn die Kleidung feucht oder, schlimmer noch, nass geworden ist, kommt es noch eher zu einer Erfrierung. Durch feuchte Kleidung wird dem Körper schneller die Wärme entzogen als bei trockener Kleidung. Auch Erschöpfung oder Verletzungen fördern die Entstehung oder Verschlimmerung von Erfrierungen. Wenn unter diesen Umständen eine Person gefunden wird, dann gilt es den „Bergungstod“[36] zu vermeiden.

Aus diesem Grund hat sich auch der Hundeführer entsprechend den Witterungsbedingungen zu bekleiden und verhalten. Denn nicht nur die zu suchende Person, sondern auch der Hundeführer und der Hund sind den äußeren Einflüssen ausgesetzt.

36 Als Bergungstod bezeichnet man das Phänomen, dass vermeintlich gerettete Katastrophenopfer, die manchmal Stunden und Tage in misslicher Lage überlebt hatten, Minuten nach der Bergung plötzlich doch sterben. Quelle: Wikipedia

7. Vorbereitung

My car is my castle

Auch wenn die Anreise im eigenen Auto vielleicht bei Rettungshundestaffeln nicht gerne gesehen wird, so hat sie doch etliche Vorteile. Nicht unerwähnt werden sollte aber gleich zu Beginn, dass die Anfahrt im eigenen PKW in der Regel auf eigene Kosten und in eigener Verantwortung geschieht. Wenn aber das eigene Fahrzeug genutzt wird, ist nicht nur die Dauer bis zum Ausrücken schneller, es kann auch leichter sichergestellt werden, dass alle benötigten Materialien tatsächlich dabei sind. Es muss keine Tasche gepackt und in einem Staffelbus verstaut werden. Der Hund bzw. die Hunde haben ihre gewohnte Umgebung und müssen sich nicht auf die Nähe von anderen Hunden einstellen, mit denen es womöglich im Training oder wo auch immer vielleicht zu Problemen und Auseinandersetzungen gekommen ist. Eine latente Aggressivität bringt Unruhe in die Anfahrt und damit in die Suche und ist dem Zweck nicht förderlich, auch wenn die Hunde natürlich verträglich mit Artgenossen sein sollten. Aber auch hier gilt es wieder, alles zu unternehmen, um die Erfolgschancen zu erhöhen.

Wie mittlerweile üblich, habe ich mich mit dem Einsatzleiter der Polizei in Verbindung gesetzt. Der Hinweis auf „Feuerwehrrettungshunde“ wurde zunächst mit Schweigen, dann mit der Frage: „Mit wie vielen kommt ihr denn?“ beantwortet. Meine Antwort: „Mein Mann und ich kommen mit unseren Hunden. Aber wenn es wichtig ist, kann ich bestimmt noch ein LF[37] organisieren.“ Prusten am Ende der Leitung – so war es dann doch nicht gemeint. Es war nur so, dass bitte keine komplette Wehr anrücken sollte.

Es sollte vermieden werden, dass Dutzende von PKW und Personen sich um den Einsatzort ballen. Erfahrungsgemäß wird es lieber gesehen, wenn sich einfach nur

37 *Löschfahrzeug*

der Hundeführer meldet und nicht gleich zu Beginn der Suche eine Einsatzzentrale, die Feldküche und ein Hauptverbandplatz eingerichtet werden – oder ein einziger Hund mit zwölf Helfern auftaucht.

Alles dabei?

Glaubt man manchen Diskussionen, so gleicht der Hundeführer im Realeinsatz einem „Wundertier" – einem wahren Prachtexemplar an maximaler körperlicher und konditioneller Konstitution: Natürlich in voller Einsatzbekleidung, auf dem Rücken der komplett einsatzfähige Sanitätsrucksack und vor der Brust die Tasche mit dem Defibrillator. Auf Hüfthöhe über dem Gesäß sitzt die Hüfttasche mit Material für die Erste Hilfe, Verpflegung und Wasserrationen. In den Brusttaschen und Seitentaschen der Einsatzjacke haben die Kommunikationsausrüstung und die Wärmebildkamera ihren Platz gefunden. Dann ist da noch der Koffer zur Sicherung des Geruchsvorhaltes. Kurz gesagt: Das ist schlichtweg und schlechtweg realitätsfremd und unnötig. Denn: „Eines Tages fällt dir auf, dass du 99% nicht brauchst. Du nimmst all den Ballast und schmeißt ihn weg, denn es reist sich besser mit leichtem Gepäck. Ab heute nur noch die wichtigen Dinge."[38]

Diese Tasche reicht für die notwendigen Utensilien aus.

38 Songtext Silbermond

Welche Ausrüstungsgegenstände sind notwendig und erforderlich „auf der Spur“?

Unterschieden werden sollten nach der Wichtigkeit für den Einsatz die Kategorien:

- notwendig und unentbehrlich für den Einsatz
- erforderlich und nicht unbedingt notwendig und
- „nice to have“, weder notwendig noch unbedingt erforderlich

Art der Ausrüstung	Notwendige und erforderliche Gegenstände
Bekleidung	Einsatzbekleidung und Zusatzbekleidung
Hund	Halsband und Führleine Geschirr und Suchleine Warn -/Kennweste / Kennleuchten
Erste Hilfe	EH - Set Mensch EH - Set Hund
Sicherheit	Taschenmesser Taschenlampe Stirnlampe Sonnenbrille Bankkarte oder Bargeld Ersatzbatterien oder Powerbank
Gesundheitsschutz	Einweghandschuhe
Sicherung Geruchsvorhalt	Material zur Sicherung des Geruchsvorhaltes
Orientierung	GPS - Gerät oder Telefon mit App Kompass / Karte Ortskundiger Führer
Kommunikation	Funkgeräte Telefon mit eingespeicherten Nummern
Verpflegung	Getränke für Hund und Hundeführer (in geeigneten Behältnissen) Energieriegel Belohnung für den Hund
Transportmittel	Hüfttasche oder Einsatzrucksack
Dokumentation	Notizblock und Stifte (gerne auch wasserfest) Checkliste „Lagegespräch“ Checkliste „Trail-Dokumentation“ Tracker oder App zur Dokumentation des Trail-Verlaufes

Auch wenn der Erfolg nicht mit der Ausrüstung steht oder fällt, so sollte das Augenmerk auf gute und robuste Ausrüstung gerichtet werden.

Für den Hund ist ein genau passendes Geschirr sehr wichtig. Schlechtsitzende Kleidung kann auch uns ablenken. Die Marke oder der Preis sind dabei nicht von Bedeutung. Bei der Auswahl und Beschaffenheit des Geschirrs ist darauf zu achten, dass:

- es gut sitzt und nicht reibt oder scheuert
- der Hund auch mit tiefer Nase frei atmen kann
- der Ring für die Leine nicht dauernd auf dem Rückgrat landet
- die seitlichen Befestigungen auch bei Anstrengung die ungehemmte Atmung zulassen
- es auch im Regen und bei Dunkelheit leicht und zügig anzulegen ist.

Ein zu langes Herumfummeln beim Anlegen des Geschirres kann bei motivierten Hunden zu einer Übermotivation oder Defokussierung führen, die dem Erfolg des Trails eher abträglich ist. Aus diesem Grund sollten stabile Klickverschlüsse gegenüber Schnallen bevorzugt werden.

Sollte eines der der handelsüblichen Geschirre nicht optimal passen, so gibt es auch maßgefertigte Exemplare. Oder ein fertiges Geschirr kann von einem Sattler entsprechend geändert werden.

Ordnung muss sein

Die verschiedenen Geräte – und Ausrüstungskisten dienen der systematischen und geordneten Aufbewahrung und dem sicheren Transport der zuvor aufgeführten Materialien..

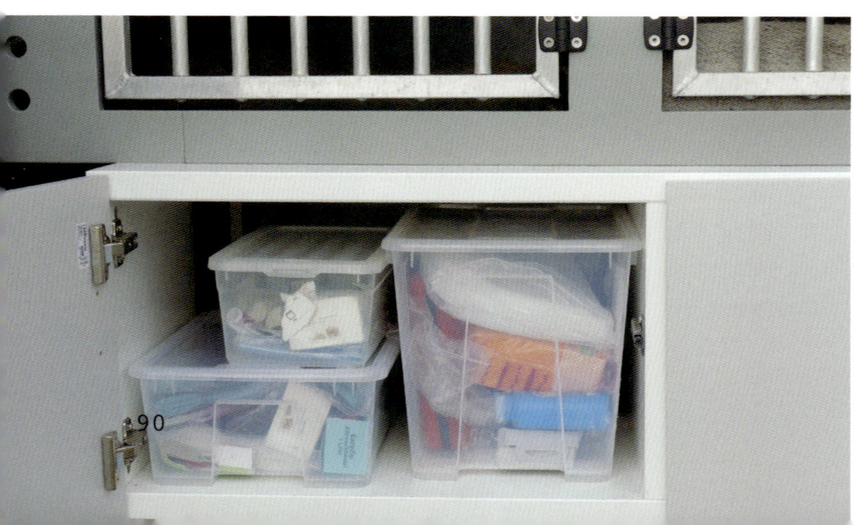

Das schwedische Möbelhaus kann auch Autos einrichten

Schadhaftes Material gehört sofort aussortiert!

Es empfiehlt sich, die benötigte Ausrüstung permanent im Auto zu lassen und regelmäßig zu kontrollieren oder aber sie fertig gepackt und griffbereit stehen zu haben. Auch hier ist regelmäßige Kontrolle angesagt.

Wer wird alarmiert?

So vielfältig wie die Regionen der Bundesrepublik sind auch die Anforderungen in den jeweiligen Bundesländern. Da gibt es Bundesländer, in denen das Team sich einer Sichtung durch die Polizei stellen muss. In anderen Ländern werden die jeweils gemeldeten Staffeln, sofern sie dem Katastrophenschutz angehören, alarmiert und manchmal muss sich auch eine Staffel einer Überprüfung stellen. Die Regelungen sind von den Teams bzw. Organisationen für jedes Bundesland separat bei den zentralen Diensten der Polizei der jeweiligen Länder (LZPD) zu erfragen. Soweit in Teilen die offiziellen Regelungen. Denn es gibt natürlich auch Gruppen, die sich an den offiziellen Regeln vorbeimogeln.

Sie lassen sich durch Krankenhäuser oder Wohnanlagen direkt alarmieren, kommen „zufällig“ an Einsatzlagen vorbei oder haben in der Nähe trainiert und idealerweise ein Staffelmitglied in der Leitstelle sitzen. Sehr beliebt ist bei diesen Gruppen auch, sich durch eine offizielle Hundestaffel, die nicht über Personenspürhunde verfügt, nachalarmieren zu lassen. Es gibt verschiedene Gründe, nicht den offiziellen Weg zu gehen. Einer davon ist, dass lediglich nach den internen Richtlinien geprüft wird und es nur einen Prüfer gibt, der noch aus den eigenen Reihen stammt. Somit muss die Qualität nicht auf den Prüfstand gestellt werden. Und alles und nichts kann erzählt werden.

Da klingelt doch das Telefon …

Es kommt der Tag, da geht der Melder oder das Telefon klingelt. Jetzt ist es wichtig, dass auch bei Eile alles reibungslos abläuft. Wenn die Sachen noch nicht im Auto sind, dann werden die vorbereitete und bereitgestellte Tasche und der Hund gepackt und ab geht es ins Auto. Wer erst zu einem Treffpunkt fahren muss, erfährt in der Regel die Details dort vor Ort.

Wer direkt angefordert oder einzeln angerufen wird, muss die Daten selber erfragen und festhalten. Die Angaben sind dabei laut zu wiederholen – wie schnell kann ein P zu B werden! Und manche Orte haben keinen Ortsnamen, sondern tragen einen Sammelbegriff. In Norddeutschland gehören Niendorf, Neustadt und Tangstedt dazu.

Die Mitarbeiter in der Leitstelle haben in der Regel keine Informationen zum Hintergrund. Sie werden lediglich gebeten, einen PSH zu organisieren. Es werden Eckdaten zur Lage und die Daten des anfordernden Polizeikommissariats durchgegeben. Der Kontakt wird dann direkt aufgenommen. Die Dienststelle vor Ort hat in der Regel die notwendigen Daten parat und kann auch detaillierte Angaben zur Suchsituation machen.

»*Es war eine vorsichtige Anfrage, die uns an diesem Abend erreichte. Ein junger Flüchtling wäre aus der Unterkunft abgängig. Näheres war nicht noch bekannt. Uns wurde aber vom technischen Einsatzleiter (TEL) gleich mitgeteilt, dass es sich aufgrund der aktuellen akuten Situation um eine Sammelunterkunft handelt. Eine wirkliche Privatsphäre gäbe es dort nicht und ob die Sachen, die sich auf dem Bett befanden, tatsächlich der vermissten Person gehörten und ob es sich tatsächlich um sein Bett handelt, wäre nicht wirklich sicher. Vielleicht hätte er auch in einem anderen Teil der Unterkunft geschlafen. Wir hatten also eine vermisste Person – aber keinen Geruchsvorhalt, den wir dieser Person auch nur annähernd hätten zuordnen können. Dies war eine der wenigen Alarmierungen, die wir nicht angenommen haben.*«

Es empfiehlt sich im Rahmen der Klärung der Suchsituation auch, die Besonderheiten zu erfragen: wie sollte angefahren werden, gibt es bekannte Baustellen, Straßensperrungen oder ähnliches?

Atemlos durch die Nacht[39]

Grundsätzlich hat sich jeder Verkehrsteilnehmer – auch Radfahrer und Fußgänger – an die einschlägigen Regelungen der Straßenverkehrsordnung (StVO[40]) zu halten. Aber wie so oft gibt es Ausnahmen von der Regel und diese sind in § 35 StVO (Sonderrechte) und § 38 StVO (blaues Blinklicht und gelbes Blinklicht) geregelt. Die Sonderrechte verlangen keine besondere Kennzeichnung und stehen Organisationen unter bestimmten Voraussetzungen zu. In § 35 (1) StVO sind u.a. Feuerwehr und Katastrophenschutz von den Vorschriften der Verordnung befreit, soweit das zur Erfüllung hoheitlicher Aufgaben dringend geboten ist.

Nicht eindeutig ist hier die Rechtsprechung, ob zum Beispiel im Einsatzfall die Anfahrt im privaten PKW zum Gerätehaus der Feuerwehr durch diese Regelung abgedeckt ist. Nach § 35 (5a) sind Fahrzeuge des Rettungsdienstes von den Vorschriften dieser Verordnung befreit, wenn höchste Eile geboten ist, um Menschenleben zu retten oder schwere gesundheitliche Schäden abzuwenden. Es wird darüber diskutiert, ob alle Fahrzeuge, die zum Rettungsdienst gehören, also auch zum Beispiel zum Transport von Blutkonserven, hierunter fallen. Über diese Auslegung dürften auch Hundestaffeln einbezogen sein.

Dann sind da noch die Regelungen von § 38 StVO, die allen mit blauem Blinklicht und Einsatzhorn ausgerüsteten Fahrzeugen das Recht zur Verwendung einräumen, wenn höchste Eile geboten ist, um Menschenleben zu retten oder schwere gesundheitliche Schäden abzuwenden, eine Gefahr für die öffentliche Sicherheit oder Ordnung abzuwenden, flüchtige Personen zu verfolgen oder bedeutende Sachwerte zu erhalten. Und deren Signale „Gebt den Weg frei" bedeuten. Diese können nur beansprucht werden, wenn sowohl Blinklicht als auch Horn eingesetzt werden. Die Leitstelle gibt die Rechte frei – aber nicht die Leitstelle, sondern der Fahrzeugführer entscheidet, ob und in welchem Umfang die besonderen Rechte in Anspruch genommen werden.

39 Sängerin Helene Fischer, Texterin Kristina Bach

40 https://www.gesetze-im-internet.de/stvo_2013/

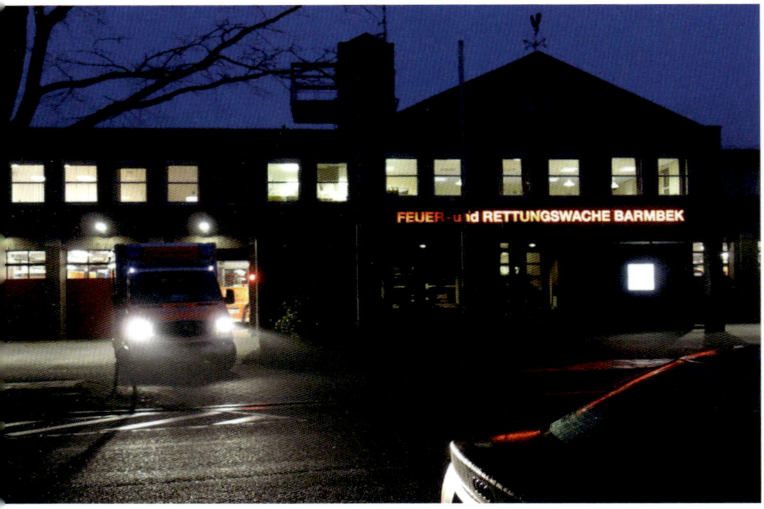

Im Gegensatz zu Polizei oder Feuerwehr geht es bei Einsätzen mit Hund eher weniger um Minuten oder gar Sekunden. Und trotzdem wird hier nicht immer und ausgiebig mit Signalen gearbeitet. [41]

Niemand wird bestreiten, dass bei einer Alarmierung Leben oder Gesundheit in Gefahr sind. Was aber ist mit „höchster Eile"? Zählt wirklich jede Sekunde? Wie viele Minuten werden durch Einsatzfahrten mit Blaulicht und Signalhorn tatsächlich gewonnen? Die Einsatzstellen liegen im Gegensatz zu Feuerwehr oder Polizei selten im unmittelbaren Einzugsbereich. Und auch die Mitglieder einer Staffel haben häufig längere Anmarschzeiten. Dagegen stehen auch noch die mit einer solchen Fahrt verbundenen Gefahren. Fahrten mit Sonder- und Wegerechten sind laut DGUV[42] mit extrem hoher physiologischer (emotionaler, mentaler und körperlicher) Beanspruchung verbunden. Diese Fahrzeuge werden eher selten gefahren, unterscheiden sich im Fahrverhalten massiv von den üblichen privaten Fahrzeugen und ein Fahrsicherheitstraining findet kaum statt. Hier heißt es, noch vorausschauender zu fahren; erahnen, was passieren könnte und auch noch wahrnehmen, was hinter einem ist. Die Zeit, die vermeintlich durch diese Fahrweise gewonnen wird, ist schnell durch die notwendige Regeneration aufgebraucht.

Wenn Gefahr besteht, darf jeder eine Gefahrenstelle absperren. So sollte auch jeder Verkehrsteilnehmer eine Unfallstelle absperren, noch bevor die eigentliche Rettung beginnt. Hier hat die Sicherung die höhere Priorität. Im Regelfall obliegen aber Eingriffe in den öffentlichen Verkehrsraum, zu denen Straßen gehören, einzig der Polizei und ggf. der Feuerwehr. Aufgehoben werden dürfen Sperrungen einzig

41 *Mit 26.000 Alarmierungen in 2018 ist die Feuer- und Rettungswache Barmbek (F23 der Berufsfeuerwehr Hamburg) zwar nicht alle elf Minuten (wie die bekannte Partnervermittlung) gefragt, aber immerhin alle 20 Minuten im Durchschnitt.*

42 *https://www.dguv.de/medien/inhalt/praevention/fachbereiche_dguv/fb-fhb/veranstaltungen/fachveranstaltung/02_belastung_und_stress_der_einsatzkraefte_prof krueger.pdf*

durch die Polizei – außer in Bayern! Das Betreten von Grundstücken und anderen privaten Geländen kann mit „Gefahr im Verzuge" (für die vermisste Person) begründet werden.

Vom richtigen Parken

Ideal ist das Wetter für Einsätze irgendwie nie. Aber dann gibt es noch die extremen Situationen. Die besonders heißen trockenen Sommer, die eiskalten Winter oder die Zeit der Stürme. Wie soll man sich hier verhalten? Nun, das kommt wie so oft im Leben auf den jeweiligen Fall an. Selbst wenn bei Sturm vor dem Betreten des Waldes gewarnt wird, so kann in dem betroffenen Suchbereich gar kein Wald sein oder durch landschaftliche Besonderheiten kann der Sturm hier durchaus schon abflauen oder weniger stark sein.

Im Sommer sollte nicht gerade in der höchsten Mittagshitze gesucht werden. Asphalt heizt sich auf und die Hunde sind noch dichter am Boden als der Mensch. Hier sollten nach Absprache besser die kühleren Tageszeiten genutzt werden. Es bringt schließlich auch nichts, wenn der Hund nicht sucht oder nach einigen wenigen Metern erschöpft ist.

Auch Parkplätze sollten, gerade wenn noch mehrere Hunde im Auto warten und niemand zum Aufpassen vor Ort ist, sehr bewusst gewählt werden. Als Parkplatz sollte eine Ecke genutzt werden, die relativ ruhig ist und wenige Störungen aufweist. So können Hunde, die warten müssen, noch vor Aufregung abgeschirmt werden. Im Sommer sollte der Schatten auch bei einer längeren Suche ausreichen und es ist für Wasser im Auto Sorge zu tragen. Es gibt auch Planen, mit denen die Sonne abgehalten werden kann. Zur Abkühlung können auch Coolpacks oder (in der einfacheren Variante) Wärmflaschen mit Eiswasser verwendet werden. Fenster auf jeden Fall offen oder geöffnet lassen. Wertsachen haben dort sowieso nichts zu suchen. Idealerweise kann auch eine Person als Sicherheitswache fungieren.

Wenn im Winter wegen Split oder Streusalz dem Hund Schuhe angezogen werden, so muss dies auf jeden Fall im Training geübt worden sein. Denn nur so ist es ein normales Procedere und der Hundeführer weiß, wie der Hund dann arbeitet – und ob überhaupt. Für Wärme im Winter kann leichter als für Abkühlung im Sommer gesorgt werden. Eine einfache Variante ist die Wärmflasche oder eine simple Decke – über die Box gelegt, hält sie die Eigenwärme des Hundes innen. Denn: Es sind schon viele erfroren, aber noch niemand ist erstunken.

8. Briefing

Im Scheinwerferlicht

Ein Punkt sollte niemals unterschätzt werden: Der Personenspürhund steht im Fokus der Aufmerksamkeit! Wo ein Flächenhund einer unter mehreren ist, ist der einzelne PSH direkt vor Ort. Es besteht meistens direkter Kontakt mit den Angehörigen – mit der mehr oder weniger offen geäußerten Erwartungshaltung, dass die vermisste Person aber mal pronto und bei bester Gesundheit gefunden wird. Der Druck dieser Erwartung kann direkt einer Person gegenüber geäußert werden.

Shania und ich waren dieses Mal als zweites Team an der Reihe, um eine Suche zu überprüfen. Vermisst wurde eine junge Frau, die ihren Selbstmord angekündigt hatte und aus der psychiatrischen Klinik abgängig war. Mehr wollten wir auch gar nicht wissen. Das erste Team hatte die Suche für sich als beendet erklärt. In welche Richtung es ging, was dann passierte und in welche Richtung die Suche weiterging, wurde uns – auf unseren Wunsch hin – nicht mitgeteilt. Unsere Aufgabe war es, die bis dahin gelaufene Spur entweder zu bestätigen oder auch eventuell einen anderen Abgang zu finden. Gesagt, getan. Der Geruchsvorhalt war für mich gesichert worden. Es verkürzt die Zeit und gibt ein gutes Gefühl, wenn man der Person, die dies erledigt, trauen kann! Ich setzte Shania an einer Bank in einem kleinen, von Büschen umgebenen Rondell an. Hier befand sich eine Raucherecke, in der unsere vermisste Person gesehen worden war. Shania startete gleich in einen kleinen Weg, der sich zwischen Rhododendronbüschen schlängelte und suchte sich einen Weg über das Gelände bis in ein leerstehendes Haus, das abgerissen werden sollte. Sie war nicht davon abzubringen, in diesem Haus zu suchen, obwohl es schon von Hunden abgesucht worden war. Dann wurde die Treppe hoch ihre Anspannung immer deutlicher und fast sprang sie in eine Badewanne, die noch in einem Badezimmer stand. Ganz vorsichtig linsten wir über den Rand – leer. Was auch immer den Hund dazu gebracht hatte, sich hier in dieser Form zu verhalten, es war nicht unsere gesuchte Person.
Bevor sie sich in diesem Haus weiter „festbeißen“ konnte, führte ich sie ein Stück weiter. Sie lief einen Flur entlang und wir verließen das Haus über eine Treppe

am anderen Ende. Jetzt ging es weiter auf einem Trampelpfad, der in einen größeren Schotterweg mündete. Sehr gut, so empfand ich es jedenfalls. Die nächste Entscheidung war schnell getroffen und wir kamen zu einem Abschnitt auf dem Gelände, auf dem die alten Häuser bereits abgerissen waren und neue Mehrfamilienhäuser gebaut wurden.

Shania zeigte an der nächsten Kreuzung, die hier aus zwei sich kreuzenden Schotterwegen bestand, dass es nicht weiter geradeaus ging. Nach links ging es aber auch nicht. Und auch nach rechts, zurück in die Richtung, aus der wir gekommen waren, ebenfalls nicht. Selbst die Aufforderung, doch weiterzusuchen, quittierte Shania mit Querstellen, Kopf hoch und Rute runternehmen. Damit musste ich den mich begleitenden Beamten (mal wieder) mitteilen, dass wir an dieser Stelle nicht weiterkamen. Und nein, einen Grund konnte ich dafür nicht nennen.

Der Anflug eines Lächelns zeigte sich auf dem Gesicht eines Beamten. Denn wie sich jetzt herausstellte, bildete er seinen privaten Hund als Personenspürhund aus. Damit hatte er die Kompetenz und auch die Erfahrung, zu beurteilen, was ich machte und wie ich vorging und konnte auch die Qualität meiner Suche beurteilen.

Wie sich später herausstellte, hielt sich die vermisste Person häufiger auch zum Rauchen in dem leerstehenden Gebäude auf. Aufgegriffen wurde sie später an ihrer Wohnanschrift. «

Auch die Vorgehens- und Arbeitsweise des PSH wird, anders als in der Fläche, direkt beobachtet, oftmals kommentiert und auch videografiert.

Vorgehen vor Ort

Und auch hier wieder die ungeliebte Standardantwort: Es kommt darauf an! Wie viele Teams sind vor Ort? Ist bereits nachgefordert werden? Welche weiteren Kräfte sind verfügbar? Dabei sind Einsätze, bei denen viele Personen vor Ort sind, eher durch eine stringentere Vorgehensweise geprägt. Hier ist kein Raum für die individuelle Vorgehensweise eines einzelnen Teams.

Wie also sieht die Vorgehensweise vor Ort üblicherweise aus?

- Eintreffen der Kräfte und Meldung bei EAL[43]/TEL
- Einweisung in die Lage – Beschreibung der Suchsituation
- Verteilen der Personenbeschreibung und sonstiger suchrelevanter Informationen
- Beschreibung des Suchgebietes
- Sicherstellen der Kommunikation
- Einsatzbesprechung der Suchgruppe – Festlegen des Vorgehens bei der Suche, der Ansatzorte und der Suchreihenfolge der Teams
- Entgegennahme oder eigene Sicherstellung der Geruchsstoffe
- Suche entsprechend der Suchreihenfolge
- Meldungen an Suchgruppenleiter oder
- Einsatzleitung
- Besprechung der Suchergebnisse mit Einsatzleiter und Team
- Bewertung der Situation und ggf. neue Anweisungen durch Einsatzleiter
- Abbruch bei Erfolg oder durch Anweisung des Einsatzleiters
- Abrücken
- Weitere Dokumentation des Einsatzes, Rückfrage bei Polizei

Die Lage, die Lage, die Lage

Die erste Sichtung

Nicht nur in der Immobilienbranche, sondern auch im Rettungshundeeinsatz zählen „die Lage“ und deren Erkundung zu den relevanten Dingen.

Zur Erkundung der Lage gehören insbesondere die Begehung und Erkundung des Startbereiches unter besonderer Berücksichtigung von Topographie und Windverhältnissen. Und zwar vor der Suche – alleine und ohne Hund. Unter Berücksichtigung der relevanten Faktoren kann jetzt schon der Startplatz bestimmt werden.

Ein zweiter Grund für die erste Lageerkundung ist eher heimlicher und psychologischer Natur: Während der Erkundung ist Zeit für verschiedene Selbstsuggestionen,

43 *Einsatzabschnittsleiter*

Der erste Blick nach dem Öffnen der Fahrertür dient der Lageerkundung.

die während des Einsatzes fokussiert und motiviert halten, gerade angesichts eines erhöhten Adrenalinausstoßes. Spätestens dann ergibt sich ein Zustand vollkommener Fokussierung und Motivation. Für eine gute Suche wird ein mittleres Aktivationsniveau des Gehirns benötigt: Zuwenig Aktivationsniveau bedeutet langweilig, müde und unkonzentriert. Zuviel Aktivationsniveau bedeutet übermotiviert, zu hektisch und leicht wesentliche Hinweise zu übersehen.

Im Übrigen: Kein vernünftiger Einsatzleiter der Polizei oder BOS[44], kein Gemeindewehrführer oder Wehrführer der Feuerwehr schickt die ihm anvertrauten Leute ohne eine gründliche Lageerkundung in den Einsatz. Selbst wenn das Starten noch so dringlich ist – die Lageerkundung ist ebenso wichtig. Im Regelfall ist diese Zeit mehr als gut investiert.

Die Lagebesprechung

In der Lagebesprechung mit der Einsatzleitung und anderen beteiligten Suchkräften geht es primär darum, eine Übersicht über die Suchsituation und Information über die vermisste Person zu bekommen. Zweitens darum, Eigen – und Fremdgefährdung

44 *Behörden und Organisationen mit Sicherheitsaufgaben*

beurteilen zu können. Und drittens darum, Informationen zu erlangen, um den Einsatz zu dokumentieren.

Auf dieser Basis werden Entscheidungen über die Einsatzstrategie und die Einsatztaktik durch Einsatzleitung und Suchgruppenführer getroffen.

Hier wird auch der „Papierkram" erledigt. Es erfolgt der Austausch der Visitenkarten und Telefonnummern. Auch hier sollten Namen wieder buchstabiert werden – wie schnell kann es zu Hörfehlern kommen. Das Aktenzeichen der Suche sollte notiert werden. So kann später gezielt in Erfahrung gebracht werden, ob und wo die vermisste Person aufgefunden worden ist – oder auch nicht – und zur Qualitätssicherung dienen.

Geklärt wird auch:

- Wie gehen wir vor?
- Was macht wer und wie?
- Wann und was will der jeweils andere wissen?

Wenn ein Suchgruppenleiter (SGL) / TEL der eigenen Organisation vor Ort ist, werden diese Punkte im Regelfall vom Suchgruppenleiter eingefordert und erledigt. Wer auf sich selbst gestellt ist – muss auch diese Dinge selber erledigen.

Die Suchsituation

Hier geben situative Gegebenheiten wie letzter Sichtungsort, Zeit(punkt) der Vermissung und letzten Sichtung, Außentemperatur, Topographie und Witterung Hinweise zur Beurteilung der Dringlichkeit sowie der Einsatzstrategie und -taktik.

Kenntnisse über die vermisste Person

Wie ist die vermisste Person bekleidet und welche besonderen Auffälligkeiten gibt es zum äußeren Erscheinungsbild? Weiterhin geht es um körperliche Auffälligkeiten, das Bewegungsbild der vermissten Person zur Beurteilung der Dringlichkeit der Suche und Möglichkeit der schnellen Wiedererkennung und Identifizierung auf und am Ende des Trails, aber auch Beweglichkeit und Ausdauer zur Einschätzung der möglichen Länge des Trails.

Gibt es Kenntnisse über psychische Auffälligkeiten wie Demenz, suizidale Absichten oder Drogenmissbrauch, um beurteilen zu können, was einem beim Fund der vermissten Person erwartet, und um die Dringlichkeit bewerten zu können? Zur Bewertung der Dringlichkeit gehört auch die Aufnahme bekannter Krankheiten oder Medikationen.

Die Problematik, dass durch das Bekanntmachen von Informationen auch die Suchsituation und -richtung beeinflusst werden kann, ist bekannt. Daher sollte genau dieses Verständnis vorherrschen, dass gutes Training und Erfahrung den Gegenpart bilden. Je mehr im Training und im Einsatz geübt bzw. erlebt worden ist, umso weniger wahrscheinlich wird die Möglichkeit der Beeinflussung. Das Vertrauen des Hundeführers in die „richtige" Leistung des Hundes ist über die Zeit gewachsen.

Ist ein Arzt an Bord?

Da dies meistens nicht der Fall ist, sollten wesentliche Krankheitsbilder bekannt sein.

Nicht immer haben die vermissten Personen psychische, internistische oder orthopädische Erkrankungen. Manchmal sind es auch infektiöse oder übertragbare Erkrankungen wie Scabies, HIV, MRSA-Keime oder TBC. Diese Krankheiten sind in der Regel nur bei längeren und engeren Körperkontakten ansteckend. Die Gefahr, die beim Sichern oder während der Suche auftritt, ist also relativ gering. Trotzdem sollte zur Sicherheit auf jeden Fall ein weiteres Paar Handschuhe übergezogen und der Geruchsvorhalt nach dem Gebrauch gut gesichert verstaut worden.

Wenn die eigene Gefährdung als zu hoch eingeschätzt wird, sollte der Einsatz nicht angenommen werden.

Ist das nur ansteckend oder schon tödlich?

„Schön, dass Sie hier sind", wurden wir von der Pflegedienstleitung freundlich begrüßt, „wir haben schon auf Sie gewartet." Es folgte der üblich gewordene Smalltalk – danke, die Anreise war gut und ja, das Wetter ist wirklich erfreulich geworden. Wir folgten durch diverse verschachtelte Gänge, bis wir vor der Zimmertür standen. Hier wurden wir unterrichtet, dass das Bett und die Gegenstände auf der rechten Seite zu unserer vermissten Person gehörten. Was die Sicherung eines ein-

deutigen Geruchvorhaltes nicht einfacher gestaltete. Dann folgte noch in einem Nebensatz die Information, dass unsere vermisste Person an Scabies[45] erkrankt war.

Hin oder weg?

Den überwiegenden Anteil an vermissten Personen machen Menschen mit einer Erkrankung aus dem demenziellen Formenkreis aus. Dabei sind Frauen häufiger als Männer betroffen. Mit zunehmendem Lebensalter steigt die Wahrscheinlichkeit, zu erkranken. Nicht nur, aber häufig gerade in den ersten Wochen nach einem Wohnungswechsel in eine Pflegeeinrichtung treten diese Erscheinungen auf. Entweder geht es um die Rückkehr in den gewohnten Lebensraum oder aber es handelt sich um eine Regression in die Kindheit.

> Der Begriff „Weglauftendenz“ für demente Personen wurde in den letzten Jahren durch „Hinlauftendenz“ ersetzt.

Es geht also weniger um einen ungerichteten Bewegungsdrang, sondern um den Weg zu einer vermeintlichen Aufgabe, die erledigt werden muss. Dies kann der Weg zur Arbeit oder zum Einkaufen sein, die Kinder müssen von der Schule abgeholt werden und ähnliches mehr. Es spielt keine Rolle, dass die Kinder schon längst erwachsen sind oder das Rentenalter erreicht worden ist. Die Wahrnehmung von Zeit, Ort und Umgebung ändert sich drastisch. Es ist ein Leben in einer ganz eigenen Welt. In dieser Welt sind die Personen sehr klar – auch wenn es für Außenstehende nicht nachvollziehbar ist. Je weiter die Demenz fortgeschritten ist, umso weiter geht die Person in ihrem Lebensalter zurück in die Vergangenheit.

Wohn- und Pflegeeinrichtungen sind in der Regel auf diesen Personenkreis vorbereitet. Dabei muss die Gratwanderung zwischen dem Recht der Person, sich noch

45 *Wird auch Krätze genannt. Krätzemilben leben als Parasiten in der oberen Hautschicht, bohren dort Gänge und legen ihre Eier ab. Zu erkennen am heftigen Juckreiz und an Pusteln, besonders im Bereich von Achselhöhlen oder Innenseiten von Handgelenken.*

frei bewegen zu dürfen und der Pflicht zur Sorge um die Person geschafft werden. Die Bewegungsfreiheit der Bewohner soll erhalten bleiben und der Bewegungsdrang in andere Aktivitäten umgelenkt werden. Ein vermisster Bewohner soll so schnell wie möglich gefunden werden, um Eigen-, aber auch Fremdgefährdung auszuschließen. Es sollte nicht unterschätzt werden, mit welcher Geschwindigkeit sich diese Personen, auch wenn sie als „schlecht zu Fuß" beschrieben werden, fortbewegen. Selbst wenn nur zwei Kilometer pro Stunde zurückgelegt werden, summiert es sich im Zeitablauf. Und da die Richtung nicht bekannt ist, ergeben sich etliche Quadratkilometer Suchgebiet.

In den Unterlagen sollten sich stets ein aktuelles Foto und eine detaillierte Personenbeschreibung befinden. Besonders gut ist es, wenn durch ein tägliches Foto nach dem Anziehen auch die Kleidung dokumentiert wird. Sollte eine Person trotz technischer Sicherungsmaßnahmen wie ein permanent besetzter Eingangsbereich die Einrichtung verlassen, so greifen die vorgefertigten Pläne.

Es wird geklärt, wer die vermisste Person wann zuletzt gesehen hat und wie sie bekleidet war. Kleidung, die der herrschenden Witterung nicht angemessen ist, kann zu einem höheren Gefährdungspotenzial beitragen. Anhand von detaillierten Karten werden die Räume einschließlich Keller- und Dachgeschoss abgesucht. Jede Tür sollte geöffnet und jede Nische kontrolliert werden. Eingeschlossen werden sollten Grünanlagen, Anbauten und Schuppen. Dabei sollte auch darauf geachtet werden, dass die Person nicht während der Suche den Standort wechseln und in einen bereits durchsuchten Bereich gehen kann. Wenn die Person während der Suche nicht gefunden wird, sollten zeitnah die Polizei und die Angehörigen / Betreuer informiert werden. Der Polizei sollten aussagekräftige Daten mit Angabe von Personenbeschreibung, Bekleidung und besonderen Auffälligkeiten übergeben werden. Diese Angaben werden später auch den Suchteams zur Verfügung gestellt. Für Personen, die sich gerne vorbereiten, gibt es mittlerweile im Internet auch sogenannte K9 Preservation Kits zu bestellen. Sie bestehen aus einem sterilen Glas, einer Gazekompresse und Etiketten. Das Glas wird versiegelt und ist damit manipulationssicher. So etwas lässt sich auch leicht mit haushaltsüblichen Gegenständen[46] herstellen.

46 *https://www.youtube.com/watch?v=grJs8AnKGIg*

Im Wesentlichen sind zwei Bewegungsformen zu beachten:

1. **Die gerichtete Bewegung**
   ist auf ein Ziel gerichtet. Sie folgt meistens gut sichtbaren Wegen, geht häufig stramm geradeaus und es kristallisiert sich eine bevorzugte Richtung des Abbiegens (eher links oder eher rechts) heraus.

2. **Die ungerichtete Bewegung**
   geht reinweg von der Bewegung an sich aus. Hier kommt es eher zu sich überkreuzenden Wegen, die Laufrichtung ändert sich häufig und es kann kein Muster abgeleitet werden.

Die Ausstattung mit GPS-Sendern, um vermisste Personen direkt orten zu können oder ein Signal zu empfangen, wenn die Person ein bestimmtes Gelände verlässt, wird unterschiedlich bewertet. Es stellt sich die Frage, ob es sich hierbei um eine freiheitsentziehende Maßnahme handelt oder nicht. Die Rechtsprechung ist dazu nicht einheitlich. Vergleiche hier AG Bielefeld, Az.: 2 XVII B 32 vom 16.09.1996, AG Stuttgart, Az.: XVII 101/96 vom 26.11.1996, AG Hildesheim, Az.: 42 XVII W 1285 vom 22.09.2008 oder OLG Brandenburg, Az.: 11 Wx 59/05 vom 19.01.2006.

Neben den altersbedingten Erkrankungen treten auch Erkrankungen in Form des Korsakow-Syndroms auf. Zumeist sind chronische Alkoholiker betroffen, aber auch Hirnschädigungen wie Schädel-Hirn-Trauma, Hirnblutungen und weitere Schädigungen des Gehirns, wie zum Beispiel ein Hirntumor, lösen diese Symptome aus.

Der Ruf nach Hilfe

Weitere Anforderungen gelten der Suche nach Suizidankündigungen. Neben Ankündigungen gibt es auch den vollendeten Suizid. Kann man die ersteren noch als „Hilferuf" ansehen, so sieht die Aufgabe des Hundeführers im zweiten Fall schon anders aus.

Selten hatten wir eine Wohnung betreten, die so aufgeräumt war, dass es wie „Schöner Wohnen" aussah. Alles war ordentlich verstaut und blitzeblank geputzt. Der angekündigte Selbstmord erschien wahrscheinlich. Zumal die Wohnung gekündigt worden war, sämtliche Daten von PC und Telefon gelöscht worden waren

und beide Geräte sofort sichtbar auf dem Tisch gelegt worden waren. Selbst der Kühlschrank war geleert und geputzt. Für die Sicherung von Geruchsvorhalten war die Wohnung ideal – bis auf die vielen geputzten Flächen. Unsere vermisste Person wohnte alleine und die Wohnung war von der Polizei sofort verschlossen worden. Der Einsatz von Personenspürhunden in diesen Fällen war bekannt und wurde auch zeitnah praktiziert. Einen idealen Geruchsvorhalt konnten wir im Badezimmer sichern: Der mit einem Deckel verschlossene Abfalleimer war voller abrasierter Barthaare. Hier war sicherlich keine Kontaminierung zu erwarten. Da es auch nur einen einzigen Ausgang aus dem Haus gab, war auch der Startpunkt klar.
Hier konnten wir direkt vor der Haustür starten, die nicht zur Straße, sondern nach hinten heraus lag. Nach einigen Kreisen entschied sich Hubble für einen Start in Richtung Straße und überquerte diese zielstrebig, um dann zügig auf der rechten Straßenseite nach links abzubiegen. Nach einem kurzen Abstecher durch eine geöffnete Kneipentür zeigte er hier ein deutliches Negativ und suchte sich wieder zurück in Richtung Haus. Er zog dann in die genau entgegengesetzte Richtung, grenzte bei der nächsten Kreuzung alle Abzweigungen negativ ab. Dann ging es einen Trampelpfad an einem Gebäude vorbei, den wir in der Dunkelheit bisher übersehen hatten. Aber auch hier wurde nach kurzer Zeit das Negativ gezeigt. Negativanzeigen in jeder Richtung. Damit war für uns die Suche erstmal beendet.
Zur Überprüfung setzten wir dann Shania an. Sie startete energisch, zeigte eine deutliche Anzeige nach links und lief noch an der Kneipe vorbei. Sollte hier die richtige Richtung sein? Doch für sie war an der Kreuzung nach der Kneipe keine Spur mehr zu verfolgen. An den anderen Abzweigungen zeigte auch sie überall Negativ mit Variationen, was die Länge der jeweiligen Strecke betraf. Was jetzt? Hier kamen wir jedenfalls nicht weiter. Die Vermutung, dass unsere vermisste Person in ein Taxi gestiegen war, drängte sich auf. Eine Bus- oder Bahnhaltestelle lag jedenfalls nicht direkt vor der Haustür. Noch lange standen wir mit dem uns begleitenden Polizisten vor dem Gebäude. Uns war klar – wenn wir jetzt die Suche für beendet erklären, dann haben wir wenig Hoffnung mehr auf ein gutes Ende. «

Suizidgefährdet sind nach Auswertung des statistischen Bundesamtes insbesondere Männer im Alter von 50 bis 55 Jahren. Insgesamt sind weitaus mehr Männer als Frauen suizidgefährdet. Die weitaus meisten vollendeten Selbsttötungen geschehen durch Erhängen, Erdrosseln und Ersticken.[47]

47 *http://www.gbe-bund.de*

Ursachen sind im Wesentlichen neben psychischen Erkrankungen auch chronische Krankheiten, bei denen keine Heilung mehr erwartet wird. Depressionen gelten als häufigste psychische Erkrankung (es ist hier nicht die Rede von depressiven Verstimmungen).

Rede mit mir!

In der Kommunikation geht es neben der technischen Ausstattung, also dem WAS, auch um das WIE. Die technische Ausstattung umfasst Funkgeräte jeglicher Couleur und jede Art von Telefonie. Gerade im unwegsamen Gelände wie Bergen oder Straßenschluchten muss auch verabredet werden, wie der Empfang über weite Entfernungen sichergestellt werden kann. Es können Relaisstationen eingerichtet werden, die die Kommunikation zwischen den Teams und dem ELW[48] sicherstellen. Gleich zu Beginn einer Suche sollte auch verabredet werden, wie bei einem abgerissenen Kontakt weiter verfahren wird. Dass der Kontakt zu einem Team verloren geht, sollte natürlich nicht vorkommen – besser ist es aber, sich auch auf solche Eventualitäten einzustellen. Auch wenn sie nicht genutzt wird, sollte eine Rückfallebene lieber gleich eingerichtet werden, als sich später mit einer nicht erprobten und vermutlich nicht funktionierenden Lösung behelfen zu müssen.

Neben den technischen Aspekten gilt es auch, das gesprochene Wort zu berücksichtigen. Sicherlich sind Kurse im Sprechfunk absolviert worden – oder aber auch nicht. Meistens ist es auch der Flanker, der die Kommunikation übernimmt. Der Flanker kann sachliche Information wie Standort und zurückgelegte Wegstrecke weitergeben. Wenn es aber um die Beurteilung und die Schlussfolgerungen aus dem bisherigen Suchverlauf geht, dann sollte der Hundeführer der sprechende Part sein. Er kann am besten schildern und wiedergeben, wie der bisherige Suchverlauf zu bewerten ist, welches Suchverhalten der Hund gezeigt hat und wie der momentane Stand ist.

Die heutige Technik ermöglicht es auch, den Weg des Teams live zu verfolgen. Die Bandbreite reicht von einfachen Apps, die geteilt werden können über Systeme, die einen Trail aufzeichnen und senden bis hin zu GPS-Geräten, wie sie aus dem jagdlichen Einsatz bekannt sind. Was unter Kosten-Nutzen-Aspekt die Technik der Wahl ist, sollte jeder für sich entscheiden.

48 Einsatzleitwagen

Der Flanker

Der Flanker wird manchmal auch etwas abwertend als „Wasserträger“ gesehen oder bezeichnet. Dabei kann die Bedeutung, die einem Flanker zukommt, nicht hoch genug eingeschätzt werden. Die wesentlichen Dinge sollte der Hundeführer immer selber mit sich führen – daher entfällt das Tragen. Gesichert wird das Team im Regelfall durch die Polizei. Dem Flanker kommt die Aufgabe zu, das Team zu beobachten, zu unterstützen und manchmal auch abzuschirmen. Idealerweise kennt der Flanker das Team bereits aus dem Training und kann die Suche einschätzen.

Aus der Entfernung sind die Bewegungen des Teams deutlicher zu erkennen als direkt hinter dem Hund. Die Aufmerksamkeit des Flankers gilt nicht nur dem Hund, sondern auch der Wahrnehmung der Umgebung. Wege oder Abzweigungen, die der Hundeführer aufgrund des Tunnelblicks übersieht, kann der Flanker eher erkennen.

Tunnelblick des Hundeführers

Der Flanker sieht auch nach rechts und links.

Neben dem Flanker stehen noch weitere Helfer zur Verfügung. Oder auch nicht – je nachdem. Auch hier ist es wichtig, sich die Zeit zu nehmen und die Helfer mit ins Boot zu nehmen. Was wird an Absicherung erwartet, welcher Abstand soll eingehalten werden oder sind Fragen während der Suche erlaubt? Es ist besser, die möglicherweise entstehenden Themen im Vorfeld zu klären, bevor sie vielleicht zu Störungen während der Suche führen. So ist es nicht jedes Team gewohnt, dass die Helfer vorlaufen (oder fahren), um eine Kreuzung zu sichern.

Ich sehe was, was du nicht siehst

Zeugenaussagen sind nicht immer verlässlich – Zeugen sehen oft das, was sie sehen möchten. Nicht zuletzt auch aus dem Bedürfnis heraus, bei der Suche zu helfen.

» *Wenn man um 12:00 Uhr alarmiert wird, die Wetterstation minus zwei Grad und Wind aus Nordost in Stärke vier meldet und die vermisste Person in Schlafanzug mit Pantoffeln und Hut seit vermutlich fünf Uhr morgens unterwegs ist – dann wird es natürlich sehr eng. Wie wir bei der Lagebesprechung im Gerätehaus der Feuerwehr erfahren haben, waren Feuerwehrtrupps seit morgens unterwegs, ebenso wie Hundeführer. Wobei die Suche bisher noch keine nützlichen Hinweise ergeben hatte und fast alle Suchgebiete durch die Flächenhunde freigegeben worden waren. Auch der Hubschrauber hatte bisher keine Sichtung vermeldet. Eine für uns mehr als auf-*

regende Situation – es war unsere erste reale Suche! Und dann gleich eine solche Situation: Feuerwehr, weitere Rettungshundestaffeln, Diensthundeführer und auch noch ein Hubschrauber! Aber schon auf der Anfahrt war uns klar, dass wir bei diesen Bedingungen so gut wie keine Chance haben würden, unsere Person lebend zu finden.
Laut Zeugenaussage wurde unsere vermisste Person gegen 6:45 Uhr an einer Bushaltestelle zuletzt gesehen. Ein passender Hut wurde etwas entfernt bei einem Bauernhof gefunden. Die Zeugin hatte unsere vermisste Person aber ohne Hut gesehen – damit war klar, dass die Sichtung an der Bushaltestelle die aktuellere war. Einen eindeutigen Geruchsvorhalt konnten wir im Haus der vermissten Person sichern, der gute erste Schritt war getan. Die Beaglehündin Emma wurde als erstes gestartet und tat sich schwer. Hin und her und rund um die Bushaltestelle. Mühsam löste sie sich und steuerte einen Rohbau in der Nähe an. Auch hier wieder hin und her, dann aber die Straße entlang. Hatte ich schon erzählt, dass es sehr kalt und ungemütlich und unsere erste Suche war? Wir sind kreuz und quer gelaufen, bis zum Ortsrand und zurück. Als „Suchen" habe ich es damals schon nicht bezeichnet und heute erst recht nicht. Ich habe dann auch recht zügig beschlossen, Emma aus der Suche zu nehmen. Ein weiterer Hund wurde angesetzt. Dieser zeigte ein ähnliches Suchverhalten – bis er an einer Bahnlinie deutlich auf eine Rehfährte wechselte. Da war für mich die Suche endgültig beendet.
Noch bevor wir die weitere Vorgehensweise festlegen konnten, meldete ein Feuerwehrtrupp den Fund. Leider – wie erwartet – mit einem eher traurigen Ausgang. Aber die Familie hatte Gewissheit.

Wie können Zeugenaussagen bewertet werden, wie kann der Wahrheitsgehalt festgestellt werden? Wer achtet schon genau auf Vorkommnisse in seiner Umgebung?

Jeder Mensch vertraut am meisten seinen eigenen Erinnerungen. Zuverlässig sind diese Erinnerungen nicht unbedingt. Und sobald Alternativen angedacht werden, ändert sich die Erinnerung. Mit Fragen kann eine Erinnerung hergestellt werden, die es vorher nicht gab.

Es ist schon ein Unterschied, ob die Frage lautet: „Was haben Sie an der Bushaltestelle gesehen?" oder „Haben Sie einen älteren Herrn in einem blauen Pyjama an der Bushaltestelle gesehen?"

Bei späteren Nachfragen stellte sich heraus, dass keiner der am Morgen wartenden Kindern oder Jugendlichen den Mann beobachtet hatte. Was auch immer die Zeugin gesehen hatte – es war nicht unsere vermisste Person.

Beim Kanizsa-Dreieck (benannt nach Gaetano Kanisza) glaubt der Betrachter, ein weißes Dreieck zu sehen, obwohl im Bild nur Linien und Kreissegmente vorhanden sind. Die gedachten Linien sind in der Literatur auch als „kognitive Konturen" bekannt geworden.[49]

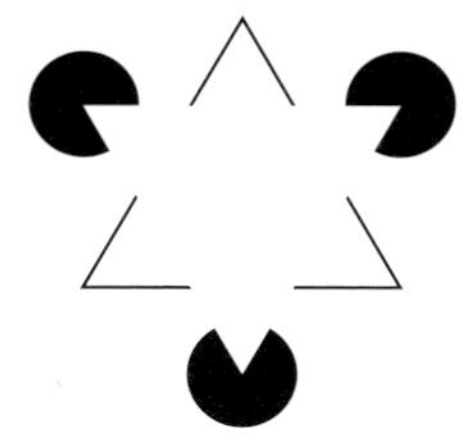

An diesem Tag erfolgte die Alarmierung während des Abendessens. Ansatzpunkt sollte wieder im innerstädtischen Bereich sein. Aber zuerst mussten wir in einen Vorort, um im Seniorenheim den Geruchsverhalt zu sichern. Dies bedeutete leider einen Umweg für uns – der eigentliche Ansatzpunkt lag genau an unserem Anfahrtsweg. Aber ein „sauberer" Geruchsvorhalt ist schon wichtig. Da der demente Herr ein Einzelzimmer bewohnte, hatten wir uns die Sicherung einfacher vorgestellt, als es sich nachher vor Ort herausstellte. Vor uns war schon ein Diensthundeführer der Polizei im Einsatz gewesen. Damit waren natürlich die begehrten Geruchsvorhalte für uns nicht mehr vorhanden. Aber in einer Schublade konnten wir dann doch noch ein verwertbares Kleidungsstück sichern. Neu für uns war die Situation, dass sich unsere vermisste Person mit einem E-Rolli auf den Weg gemacht hatte. Natürlich handelte es sich um ein Modell der neuesten Generation mit vollgeladenen Akkus. Der Diensthundeführer hatte die Spur über eine längere Distanz verfolgen können, bis die Suche abgebrochen wurde. Der Hund hatte nach mehreren Kilometern durch bebautes Gelände, auch aufgrund der herrschenden Temperaturen, seine Grenze erreicht. Deshalb wurde beschlossen, die Suche hier zu beenden.
Wir wurden angefordert, da sich im Laufe des Tages eine neue Situation ergeben hatte. Wie wir vor Ort im Polizeikommissariat informiert wurden, hatten Zeugen die vermisste Person gesichtet. Wir guckten uns nur mit leicht resigniertem Blick und einem kleinen Seufzer an. Zeugenaussagen waren in den uns bekannten Fällen nie wirklich zielführend gewesen und hatten sich auch schon als völlige Fehlinformation herausgestellt. Wir fragten ganz vorsichtig nach, ob die Zeugen denn auch wirklich glaubhaft aufgetreten seien. In diesem Moment breitete sich Heiterkeit in der

49 *https://de.wikipedia.org/wiki/Optische_Täuschung*

gesamten Wache aus, was wir uns zunächst nicht erklären konnten. Dann aber stellte sich heraus, dass zwei besonders hilfsbereite Polizisten einem Herrn mit einem E-Rolli bei seiner Weiterfahrt geholfen hatten. Während ihres Streifenganges ging die Vermisstenmeldung ein, von der die hilfsbereiten Polizisten erst bei Rückkehr in die Wache erfahren konnten. Der Mann hatte keinen verwirrten Eindruck auf sie gemacht, er wirkte völlig normal. So kamen wir dann ins Spiel. Nur selten haben wir im städtischen Bereich einen so genau bekannten Abgangspunkt! Auch die Richtung, in der der Vermisste weitergefahren war, konnte uns genau angegeben werden. Dies ist allerdings etwas, was wir lieber nicht wissen möchten. Und selbstverständlich wurde die ehemalige Wohnanschrift mehrfach bereits überprüft.

Wir hatten einen guten Geruchsvorhalt, einen bekannten Abgangsort und ziemlich gute Wetterbedingungen. Der Hund startete auch recht zügig und sehr sicher. Bestätigt wurde gleich, dass der Mann auch genau an dieser Stelle die Straße gekreuzt hatte. Allmählich fing es an zu dämmern, aber Shania suchte sich immer noch in ihrer ruhigen und sicheren Art durch die Stadt. Dass es sich um eine Hauptverkehrsstraße handelte, die auch noch bei Nacht stark frequentiert wurde, interessierte sie so gut wie nicht. Bei dieser Suche gab es keinen Moment der Unsicherheit. Unbeirrt ging sie ihren Weg, checkte Eingänge und Abzweigungen ab, entschied sich aber immer wieder für geradeaus. Dies ging mehrere Kilometer so, dann erst entschied sie sich an einer Kreuzung für eine Abbiegung nach links. Und weiter ging es – unbeirrt und ruhig und sicher. Doch langsam machte sich doch auch eine leichte Erschöpfung bei ihr bemerkbar. „Nur noch über diese Brücke", sagte ich zu der uns begleitenden Polizistin, „dann nehme ich sie raus und wir wechseln den Hund." Google stand auch noch zur Verfügung. Die Polizeibeamtin setzte sich mit der Wache in Verbindung und wir kümmerten uns um den Hund. Wie sich herausstellte, waren wir auf dem direkten Weg zu der ehemaligen Wohnung unserer vermissten Person. Eine Streifenwagenbesatzung setzte den Weg auf unserem Weg fort – und überholte den gesuchten E-Rolli mit unserer gesuchten Person! «

In dem oben geschilderten Fall war die Zeugenaussage ohne Zweifel glaubhaft – geübter Beobachter und eine unglaubliche Szene. Hier erübrigte sich jede Nachfrage, aus welchem Grund und vor welchem Hintergrund die Erinnerung so genau haften geblieben ist.

Handyortung

„Wir warten erstmal die Handyortung ab, bevor wir hier irgendetwas machen. Setzt euch doch und wollt ihr Kaffee? Oder lieber Wasser? Und Kekse?" Mit diesen Worten wurden wir in der Nacht auf der Polizeiwache begrüßt. Wir waren zu einem angekündigten Suizid gerufen worden und wollten die genaue Lage wissen. Die Sache mit der Handyortung zog sich hin. So einfach, wie wir uns das vorgestellt haben, war es nicht. Die Genehmigung zur Ortung konnte zwar schon eingeholt werden, aber die technischen Spezialisten mussten erst noch gerufen werden. So lange sollten wir es uns im in der Wache gemütlich machen. Soweit dies überhaupt möglich war.

Telefone dürfen laut § 98 TKG nur geortet werden, wenn eine ausdrückliche Einwilligung, ein hoher Gefahrenverdacht oder eine Notfallsituation vorliegt. Es handelt sich um einen Eingriff in die Persönlichkeitsrechte. Für die beiden letzteren Fälle muss ein richterlicher Beschluss vorliegen, dessen Vorlage aber dauern kann. In Vermisstenfällen vielleicht auch mal zu lange. Aus diesem Grund gibt es zum Beispiel in Hamburg seit 2005 eine Regelung, die eine Ortung nach Genehmigung durch den Polizeipräsidenten in Suizidfällen erlaubt und die richterliche Erlaubnis im Nachgang eingeholt wird. Wie vorgegangen werden darf, regelt das jeweilige Länderrecht.

Technisch gesehen ist die Ortung relativ einfach. Immer, wenn sich ein Mobiltelefon sein Netz sucht, wird ein Signal ausgesendet. Der „IMSI-Catcher" tarnt sich als Mobilfunkzelle des Anbieters, das Telefon loggt sich ein und sendet seine Daten sowohl an den IMSI-Catcher als auch an den offiziellen Mobilfunkmast. Das Telefon gibt sich dem Netz gegenüber zu erkennen – nicht aber das Netz gegenüber dem Telefon. Dies geschieht automatisch, selbst wenn das Telefon ausgeschaltet worden ist. Wenn eine „stille SMS" (Silent SMS oder Stealth Ping) versandt wird, kann die Position des Telefons in einer Funkzelle identifiziert werden. Der „Angerufene" erhält keine Information, dass eine Ortung gestartet wurde. Deshalb auch der Begriff „stille SMS".

Ziemlich zügig kann ein Mobiltelefon über die Funkzelle geortet werden. In diesem Fall wird aber kein exakter Standort, sondern die Funkzelle ermittelt, in die das Telefon sich eingeloggt hat. Genauer und auch aufwändiger ist die Ortung über Triangulation (Dreieckspeilung), auch bekannt als GMS-Ortung. Hier kann das Telefon im Schnittpunkt von drei Sendemasten deutlich genauer geortet werden.[50]

50 *https://www.welt.de/print-welt/article159061/Polizei-soll-fuer-Fahndung-Handys-leichter-orten-duerfen.html)*

Nachdem es sich immer länger hinzog und kein Ergebnis in absehbarer Zeit zu erwarten war, wollten wir dann doch starten. Dann auf zur Sicherung des Geruchvorhaltes. Den Mitbewohnern der WG schien der Besuch von Polizei und Hundeführern wenig gelegen zu kommen. Die Tür wurde uns nur sehr zögerlich geöffnet. Was sich aber schnell erklärte – der Geruch, der in den Räumen hing, war selbst für uns deutlich. Einen Drogenspürhund hätte man hier nicht mehr ansetzen müssen. Genügend getragene Wäsche mit dem Geruch der vermissten Person war jedenfalls vorhanden. Der Start ging auch sehr zügig vonstatten, die Richtung war deutlich und der Hund motiviert. Immer weiter und gerade die Straße entlang. Regelmäßig fand der Austausch mit der uns begleitenden Besatzung des Streifenwagens statt. Weiter ging es – bis wir gebeten wurden, doch anzuhalten. Das Telefon, und damit wohl auch unsere vermisste Person, sei geortet worden – in einer Funkzelle einige Kilometer weiter geradeaus. Bevor wir Kilometer um Kilometer bei Dunkelheit und Regen durch die norddeutsche Tiefebene suchten, gingen wir das Wagnis ein, mit einer nicht ganz genauen Ortsangabe weiterzusuchen. Zu unserer Überraschung hatte Google die Spur wieder aufgenommen und lief zügig weiter. Die Beamten wurden allmählich etwas ungnädig. Aber absolut nicht uns gegenüber, sondern es zeigte sich, dass unsere vermisste Person, die immerhin einen Suizid angekündigt hatte, über die sozialen Medien mit Freunden und Bekannten noch in Kontakt stand und über die Suche informiert wurde. Vier Leute schauten sich an. „Ist denn der Status in den sozialen Netzwerken schon geändert worden?" war meine zugegebenermaßen etwas freche Frage. Aber wir konnten uns auch angenehmere Nächte vorstellen. „Nein und deshalb brechen wir die Suche hier ab und kümmern uns um die wichtigen Dinge", war die Antwort, die wir bekamen. Wie sich später herausstellte, wurde der Suizid nicht ausgeführt.

Um ein Mobiltelefon über GPS orten zu können, muss eine Verbindung zu mehreren Satelliten aufgebaut worden sein. Neben Apps, bei denen die Standortanfrage bestätigt werden muss, können Mobiltelefone über die integrierte Ortungsfunktion aufgespürt werden – diese muss dafür aber aktiviert worden sein. Zunehmend werden sogenannte Seniorenhandys angeboten, die neben einer Notruftaste auch über GPS geortet werden können.

Kopfkino

Immer wieder ist die Rede vom „Kopfkino“. In Verbindung mit dem „Klugen Hans“ wird dabei unterstellt, dass durch das Bekanntwerden von Informationen die Suche in eine bestimmte Richtung gelenkt wird. Dabei ist doch eines klar: Wenn alles so abgelaufen wäre wie immer, wäre die Person nicht als vermisst gemeldet worden.

Was sind die Ursachen für dieses Kopfkino? Meistens ist es dann so, dass kein Vertrauen in die richtige Arbeit des Hundes besteht. Was ist hier die Ursache? Möglicherweise wird jetzt auffällig, dass der Hund und / oder das Team keine so guten Leistungen abliefert, wie bisher angenommen wurde. Training ist eben etwas anderes als die Realität.

Abhilfe kann hier durch mentale Techniken geschaffen werden oder aber durch Einsatzerfahrung. Je mehr Einsätze ein Team absolviert hat, umso mehr Situationen hat es auch durchlebt, die ganz anders als gedacht oder vielleicht auch genauso wie gedacht abgelaufen sind.

Ein wirklich gutes Team lässt sich durch Informationen, die womöglich auch falsch sein können, eben nicht beeinflussen.

Für Teams, die nicht gut sind, bieten diese Informationen leider eine Möglichkeit, sich einen Misserfolg schönzureden. Da ist dann leider nicht der frischesten, sondern der dominantesten Spur oder einer älteren Spur gefolgt worden. Aber man war ja auf jeden Fall richtig!

9. Wer schreibt, der bleibt

Gründe gibt es genug

Eine Dokumentation ist kein Selbstzweck. Sie hat keinen Wert, wenn die Ergebnisse nicht anschließend wieder in die praktische Anwendung einfließen und damit nutzbar gemacht werden. Prinzipiell wird den Stufen systematischer Problemlösung gefolgt:

- Erhebung der Daten und Informationen
- Dokumentation der Daten und Informationen
- Analyse und Auswertung der Ergebnisse
- Ableitung von Veränderungszielen und Maßnahmen der Veränderung und Optimierung
- Umsetzung der Veränderungen
- Analyse und Bewertung der Zielerreichung

Das Ziel ist:

- Erfassung allgemeiner Daten als Grundlage des Einsatzberichtes wie Zeit, Ort, Hundeführer, Hund, Start- und Endzeit, gesuchte Person, Art des Geruchsvorhaltes, Ergebnis der Suche
- Erfassung von Umgebungsbedingungen während der Suche wie Bodenbeschaffenheit und Untergründe, Topographie
- Erfassung von Umweltbedingungen während der Suche wie Temperatur, Windbedingungen, Wetter, Lichtverhältnisse
- Erfassung von Daten zum Trail selbst, z.B. Art des Ansatzortes, Länge, Alter, Suchdauer, Suchverlauf, Streckenverlauf
- Im Training werden auch besondere Trainingsschwerpunkte und thematische Lernziele erfasst

Diese Datensammlung allein ist zunächst mal „nice to have". Ihren wahren Wert, sprich praktischen Nutzen, entfaltet sie aber erst durch die Analyse und Auswertung.

Wenn die Aufzeichnung zur Analyse verwendet werden soll, dann muss sich der Hundeführer auch nach im Nachhinein intensiv mit dem Training (oder der Suche) auseinandersetzen – und kann den Weg in Gedanken erneut gehen. Die Phase der Analyse und Auswertung liefert wertvolle Hinweise zu dem individuellen Leistungsstand des Hundes, des Hundeführers, der Teamarbeit und zur Anpassung und Optimierung der individuellen Ausbildung: eine Stärken-Schwachstellen-Analyse. Es wird deutlich, was der Hund, der Hundeführer und das Team gut können und es wird offensichtlich, wo Verbesserungsbedarf besteht. Dies hat unmittelbaren Einfluss auf die Ausbildung des Teams. Auf dieser Basis können individuelle Veränderungsziele und entsprechende Trainingsmaßnahmen abgeleitet und umgesetzt werden. Weiterhin können Aussagen zur Qualität und Optimierung der Ausbildung generell getroffen werden: Wenn auffällig wird, dass mehrere Mitglieder der Gruppe die gleichen Schwierigkeiten haben, dann sind diese Elemente im Trainingsprogramm stärker zu berücksichtigen oder es muss sogar die komplette Vorgehensweise geändert werden. Für die Einsatzplanung, Einsatzstrategie und Einsatztaktik bedeutet dies: Durch das regelmäßige Training sind Ausbildungsstand, Stärken und

Schwachstellen der Teams bekannt. Dies hat eine unmittelbare Auswirkung auf die Suchreihenfolge der Teams – die Teams werden so eingesetzt, wie sie sie am besten zum Gesamterfolg einer Suche beitragen können.

Arten und Formen der Dokumentation

Die am häufigsten angewendeten Arten und Formen der Dokumentation sind:

Erfassungsbögen

Sie dienen der Erhebung der jeweils absolvierten Aufgaben und geben Aufschluss über die Wirkung äußerer Einflussfaktoren wie Witterung, Wind, Wetter, Umgebungsfaktoren und Untergründe auf die Leistung des Teams. Gleichzeitig liefern die Daten zu Wind und Topographie auch mögliche Erklärungen über Abweichungen der durch das Team gelaufenen Spur zur originalen Spur. Das Beispiel für einen solchen Erfassungsbogen (Trainingsprotokoll) ist kein Beispiel für ewig in Stein gemeißelte Perfektion, sondern ein lebendiges, veränderbares Dokument. Bei neuen Erkenntnissen werden Teile verändert, umbenannt, kommen hinzu oder fallen weg mit dem Ziel laufender Verbesserung.

Damit die Protokolle auch genutzt werden, ist es wichtig, dass sie

- nach kurzer Erklärung und Einweisung leicht verständlich sind
- nach dem Grundsatz „in der Kürze liegt die Würze“ mit einem geringen Zeitaufwand zu befüllen sind
- insgesamt eine hohe Handhabbarkeit und Nützlichkeit für den Trainings - und Einsatzzweck aufweisen.

Apps

Um gelaufene Wege aufzuzeichnen, existieren mittlerweile etliche gut brauchbare Apps, die auch aus verwandten Bereichen wie Laufen oder Trekking stammen. Die Apps liefern hauptsächlich Informationen über den gelaufenen Weg. Im Verlauf

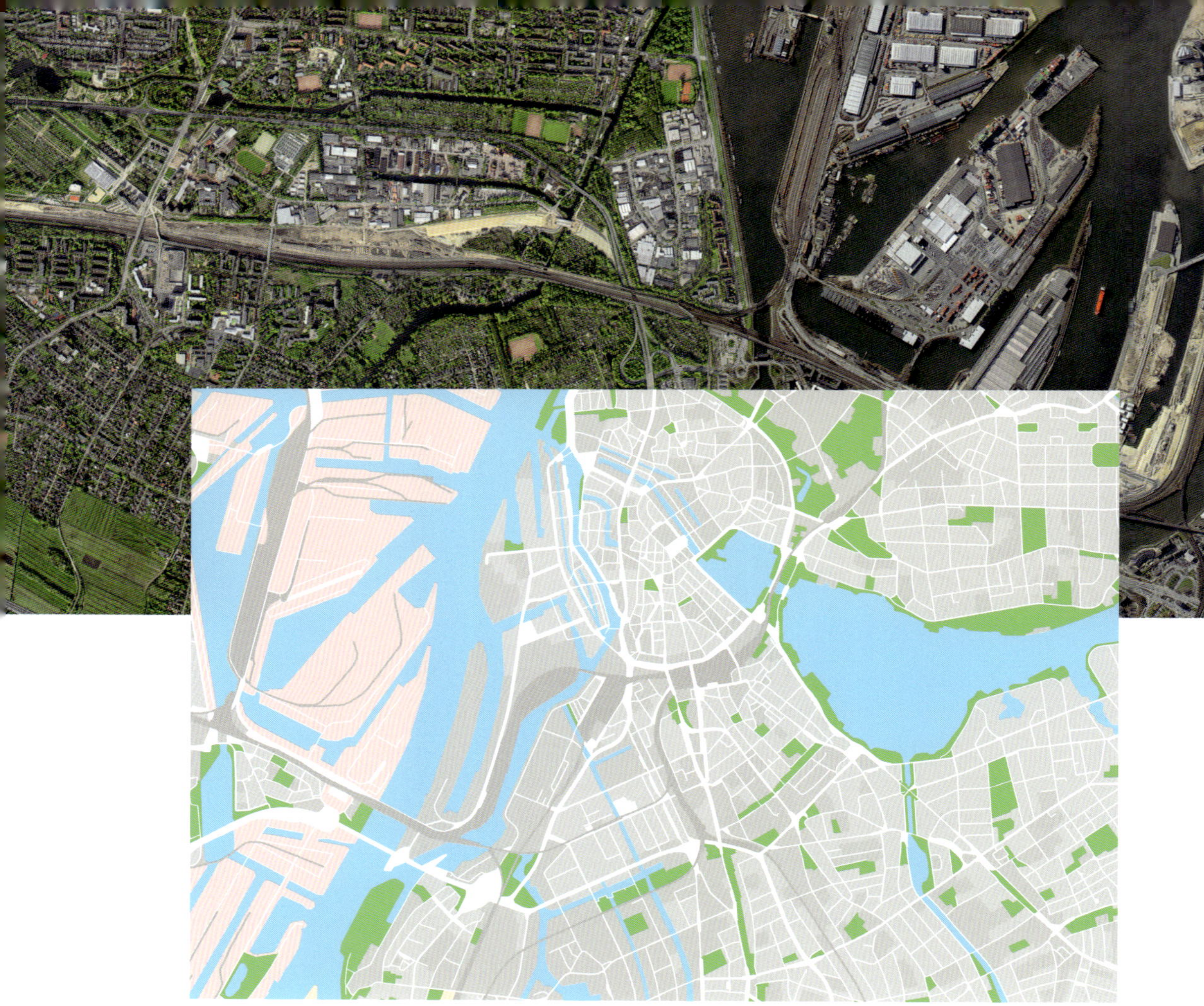

einer Suche, besonders bei kalten Spuren, kommt der Interpretation des Weges in Abhängigkeit von Umgebung und äußeren Einflüssen eine entscheidende Bedeutung zu und kann Hinweise zu weiteren taktischen Entscheidungen geben. Wenn im Training eine App genutzt wird, dann sollte entweder „double blind" (DB)[51] gelaufen werden oder der Flanker sollte den Weg trotzdem kennen. Wenn der Flanker auf den Bildschirm starrt, um den Weg der versteckten Person zu suchen - wo ist dann die Aufmerksamkeit? Es verleitet dazu, sich den Weg nicht mehr zu merken. Und im Einsatzfall kann die App nicht sagen, wo der Hund langsamer wurde und wie das

51 Weder Hundeführer noch einer der Begleiter kennen die gelaufene Strecke und laufen mit völligem Unwissen. Es wird auch keine Aufzeichnung oder andere Hilfe verwendet.

Suchverhalten war. Erst wenn das „Erlebte" mit dem gelaufenen Weg abgeglichen wird, kann auch der Punkt der letzten Sicherheit genau bestimmt werden.

Landkarten und Stadtpläne

Landkarten und Stadtpläne gibt es mittlerweile in sehr guter Qualität von verschiedenen Anbietern, sowohl in Papierform als auch digital. Landkarten oder Stadtpläne dienen in erster Linie als Rückfallebene, wenn die elektronische Verbindung nicht oder nur unzureichend hergestellt werden kann. Sie dienen zur Orientierung, denn in den meisten Fällen sind die Einsatzorte unbekannt. Durch Papierkarten kann man sich vorab eine Gesamtübersicht mit einem größeren Bild verschaffen, als es ein Bildschirm manchmal darstellt. Bei der Festlegung der Einsatzstrategie kann abgeschätzt werden, wo welche Einsatzmittel sinnvoll angebracht sind. Wenn keine App geladen wurde oder die Suche nicht laufend aufgezeichnet und gespeichert worden ist, kann auf einem ausgedruckten Plan der Weg eingezeichnet und somit dokumentiert werden.

Eine Karte bietet einen schnellen Überblick über die Topographie der Suchgebietes, insbesondere auch des Ansatzgebietes und enthält Informationen zu Höhenunterschieden, Bebauung und Straßenverläufen. Damit ergibt sich ein erster Eindruck, welche Anforderungen auf das Team zukommen könnten und entsprechend Hinweise für die Einsatzplanung.

Videoaufnahmen

Hier gibt es mittlerweile diverse Anbieter von recht brauchbaren Geräten, wobei auch die meisten Smartphones heute über geeignete Kameras und ausreichend Speicherkapazität verfügen.

Videos sind hervorragend geeignet, um Bewegungsformen des Hundes zu dokumentieren und zu analysieren. Sie sind eine hervorragende Hilfe für den Hundeführer, insbesondere bei Hunden mit sehr sensiblen Körpersignalen, die eigene Wahrnehmung zu justieren und auf den individuellen Hund zu kalibrieren, sprich: den Hund lesen zu lernen. Der Nachteil ist, dass man den Hund immer nur aus Sicht des Hundeführers von hinten sieht, vielleicht noch einen Teil des Leinenhandlings. Um einen wirklichen Erkenntniswert zu gewinnen, braucht es Aufnahmen, die das Zusammenspiel von Hund und Hundeführer (Aktion des Hundes und Reaktion des Hundeführers oder vice versa) erfassen.

Als Grundsatz gilt: Vorbehaltlich der Zustimmung der abgelichteten Personen sind Videoaufnahmen und Fotografien sowie deren Verwendung in Ordnung. Aufnahmen während eines Einsatzes sind restriktiv zu halten. Einerseits aus Respekt vor der vermissten Person und deren Angehörigen, andererseits aus Pietätsgründen (insbesondere bei Suizidfällen) und andererseits aus rein rechtlichen Gründen, z.B. Verschwiegenheitspflicht oder ermittlungstaktischen Vorgaben der Polizei. Eine Veröffentlichung in den „sozialen Medien" ist ein absolutes „No go".

Fotografien

Fotos werden heute meistens nur noch für Impressionen einer Suche oder eines Trainings eingesetzt. Sie sind anwendbar und hilfreich in relativ bewegungsarmen Situationen, zum Beispiel um Positivanzeigen im Rahmen der Startsequenz oder Anzeigeverhalten am Ende des Trails darzustellen. Zu berücksichtigen ist auch, dass ein Einsatzmittel immer nur so gut ist, wie der Mensch, der es bedient. Also - sehr schwer zu finden - ein Fotograf, der sich den Möglichkeiten und Grenzen der Technik bewusst ist, der Fach- und Sachkenntnis besitzt, und der ein Gefühl für das Motiv und den Moment hat.

Skizzen

Skizzen werden heute angesichts der zur Verfügung stehenden technischen Lösungen nur noch selten verwendet. Sie haben den Vorteil, dass sie nicht „abstürzen" können und damit auch als „Rückfallebene" dienen können – und außerdem eine ausgiebige Befassung mit dem Thema erfolgt. Zu Ausbildungszwecken können sie sehr gut verwendet werden, wenn zum Beispiel auf einem Flip – Chart Zusammenhänge anschaulich und verständlich gemacht werden sollen.

Die Polizei erwartet mittlerweile Aufzeichnungen über den Suchverlauf zur Dokumentation der Suche, aber vor allem als Hinweis und Unterstützung und Ansatz für weitere Ermittlungs- und Fahndungsmaßnahmen. Aber erst eine Kombination der Methoden bringt einen wirklichen Erkenntnisfortschritt und eine Grundlage für die Optimierung von Ausbildung und Einsatz.

10. Vorbereitungen zum Start

Der Werkzeugkoffer

Neben dem großen Werkzeugkoffer zur Sicherung von Geruchsvorhalten, der alle Eventualitäten abdeckt, sollte eine kleine Ausstattung jederzeit vorbereitet schnell zur Hand sein. Diese kann in einer Jackentasche verstaut werden und ist damit immer griffbereit dabei. Diese minimale Ausstattung besteht aus ausreichend Plastiktüten in verschiedenen Größen mit Druckverschluss oder Ziplock und sauber verpackten Einweghandschuhen. Damit lassen sich die Geruchsvorhalte gut sichern.

In den meisten Fällen reicht es aus, folgende Gegenstände dabei zu haben:

- sterile Kompressen
- Plastiktüten in allen Größen
- Zange
- Alu- oder Frischhaltefolie (für Klon, siehe Seite 132)
- Einweghandschuhe (auch hier sauber verpackt)
- destilliertes Wasser
- Schere / scharfes Messer

Einweghandschuhe passen sehr gut in Filmdosen (wer diese noch hat) oder in die gelben Hüllen von Ü-Eiern. Wenn diese Utensilien nicht ausreichen, dann

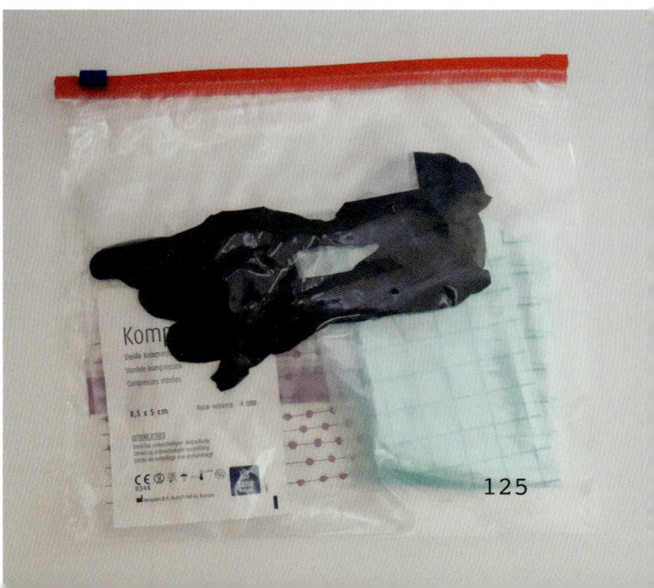

Klein, kompakt und griffbereit: Eine Tüte kann leicht mitgeführt werden und beinhaltet die wesentlichen Gegenstände. Größere Gegenstände finden ihren Platz in der Tasche.

darf und sollte auch gerne mal quergedacht und improvisiert werden. Nicht verwendet werden sollten Mülltüten oder Hundekotbeutel, da diese meistens bedampft und damit antibakteriell behandelt worden sind.

Glasgefäße, ob mit oder ohne Schraubverschluss, sind die erste Wahl für die Aufbewahrung – nicht aber für eine Mitnahme gedacht. Sie sind groß, sperrig und passen sich nicht der Größe des Geruchvorhaltes an. Einen Geruchsvorhalt kleiner zu machen, nur damit er in ein Marmeladenglas passt, ist keine wirklich gute Idee. Durch die feste Form sind sie auch nicht gut zu transportieren, und wenn sie mitgeführt werden, besteht die Gefahr, dass sie zerbrechen und in spitzkantige und scharfe Scherben zerfallen. Und wenn man hinfällt, dann doch lieber auf eine Plastiktüte. Wenn das Glas zerbricht, wird damit der Geruchsvorhalt kontaminiert und in der Regel unbrauchbar. Für die Dauer einer üblichen Suche halten Plastiktüten Gerüche von außen lange genug ab. Sollte es sich, aus welchen Gründen auch immer, herauskristallisieren, dass die Geruchsvorhalte länger halten oder aufbewahrt werden sollen, dann können sie immer noch umgefüllt werden.

Was sollte gesichert werden?

Wenn es irgendwie geht, sollte immer ein Geruchsvorhalt verwendet werden, der im direkten Kontakt mit der vermissten Person war und als „Original“ bezeichnet wird. Schon vor hundert Jahren formulierte Friedo Schmidt: „Der Geruchsartikel sollte kräftig, rein und eindeutig sein[52]“, was in unserer Zeit mit „je eindeutiger der Geruch, desto eindeutiger der Auftrag[53]“ von Leif Woidtke fortgesetzt wurde. Kleidung, die direkten Kontakt mit der Person hatte, ist meistens ein sehr starker und damit auch ein reiner und deutlicher Geruchsträger. Präferiert werden sollten Geruchsträger, die aus porösen, textilen Materialien bestehen und aus Bereichen stammen, an denen sehr viel Geruch abgegeben wird. Dies ist insbesondere der Genitalbereich, Bereiche mit vielen Schweißdrüsen und auch Bereiche wie Ellbogen oder Knie. Hier ist die Haut relativ dünn, schuppt sich häufiger als an anderen Körperstellen ab und hat kaum Kontakt zur Außenwelt. Kleidungsstücke oder Wäschebezüge sollten auf links gedreht werden, um den Geruch so rein wie möglich zu enthalten. Aus Kleidungsstücken können auch Teile herausgeschnitten werden, damit sie einfacher gehandhabt werden können und auch mehr originale Geruchsvorhalte für weitere Teams zur Verfügung stehen.

52 *Schmidt, Friedo; a.a.O.*

53 *Woidtke, Leif, a.a.O., S. 147*

Statt gemütlich vor dem Ofen zu sitzen und die Winterkälte draußen zu lassen, waren wir wieder mal unterwegs. Vermisst wurde seit den frühen Abendstunden eine demente Dame aus einem Altersheim, die dort zur Probe wohnen sollte. Natürlich war es auch mal wieder dunkel und hatte geregnet. Die Polizeibeamten erwarteten uns schon vor dem Eingang, der verschlossen war, denn erstmal war keiner zu erreichen. Zum Informationsaustausch konnten wir uns dann in den Eingangsbereich setzen und auch ein fast schon obligatorischer Kaffee wurde uns angeboten.
Es stellte sich heraus, dass unsere vermisste Person mit einem freundlichen Gruß in Richtung Rezeption das Gebäude durch den Haupteingang verlassen hatte. Ihren Trolley mitsamt ihrer Bekleidung hatte sie dabei! Die Schränke in ihrem Zimmer waren zum Glück nicht leergeräumt. Hier stellte sich allerdings heraus, dass ihre Tochter ihr gerade frisch gewaschene und gebügelte Wäsche vorbeigebracht hatte. Selbstverständlich war auch das Bett von der Frühschicht neu bezogen und alles durchgeputzt worden. Das Knistern verriet eine Inkontinenzunterlage, und damit hatte sich eine Kopie so gut wie erledigt. In solchen Momenten würde ich mir etwas weniger Ordnung und Sauberkeit wünschen. Natürlich hatte unsere vermisste Person auch die Schmutzwäsche vom Vortrag mitgenommen. Selbstverständlich auch alle Schuhe, Toilettenartikel und sonstigen persönlichen Gegenstände. So ziemlich nichts war für uns brauchbar!
Wir wollten aber nichts unversucht lassen und suchten nochmals alle Ecken, Winkel und Kanten ab und durch. Dann kam uns irgendwie die Idee, auch mal die Terrassentür zu öffnen und uns dort umzusehen. Und tatsächlich, dort fanden wir unseren „Schatz"! Neben einer leeren Zigarettenschachtel stand ein voller Aschenbecher mit mehreren Kippen. Wie sich herausstellte, war es die bevorzugte Marke unserer vermissten Person. Zigarettenkippen gehören nicht zu unseren bevorzugten Geruchsvorhalten, wenn wir aber nichts anderen finden, dann geht auch das. Die Hunde nahmen mit diesem Geruchsvorhalt die Spur auf und verfolgten sie auch mehrere Kilometer im städtischen Bereich, bis wir die Suche abbrachen. Am nächsten Tag stellte sich heraus, dass die Dame in Richtung einer ganz alten Wohnanschrift gegangen war und von dort aus einen Bus ins Zentrum genommen hatte.

Gut geeignet sind auch alle Gegenstände, die im direkten Kontakt mit Körperflüssigkeiten (Blut, Urin, Sperma und Speichel) gestanden haben oder diese Flüssigkeiten selber. Es kann ein Tassenrand, ein angelutschtes Bonbon oder auch, wie im eben geschilderten Fall, eine Zigarettenkippe sein. Guter Geruch kann auch an

Stellen gefunden werden, die nicht auf den ersten Blick zu erkennen sind. Dazu zählen unter anderem Ritzen in Möbeln und auch Mülleimer. Auch in Seitentaschen von Kleidungsstücken, in kleinen Fächern von Damenhandtaschen, in den hintersten Ecken von Schubladen oder unter Kommoden konnten schon verwendbare Geruchsvorhalte gesichert werden. Es kann entscheidend sein, den üblichen Rahmen und Denkmuster zu verlassen und durch neue Denkansätze erfolgreich zu handeln.

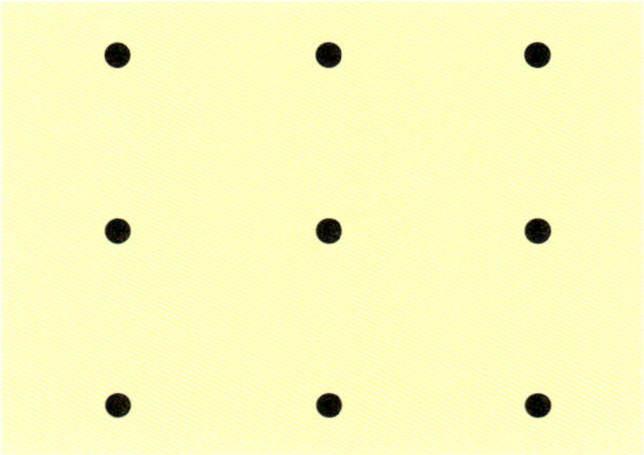

Die Aufgabe besteht darin, die neun quadratisch angeordneten Punkte mit einem Stift durch vier oder weniger gerade Linien zu verbinden, ohne den Stift abzusetzen. Die Aufgabe kann nur gelöst werden, wenn das übliche Gedankenmuster durchbrochen wird. Die Lösung findet sich am Ende des Buches.

Nicht verwendet werden sollten antimikrobielle Textilien, die sich besonders im Sportbereich zunehmender Beliebtheit erfreuen. Durch die Behandlung der Textilien, indem feine Silberfäden in die Stoffe eingewebt oder feine Silberpartikel eingearbeitet werden, wird die Vermehrung der Bakterien, die für die Entstehung von Schweißgeruch verantwortlich sind, unterbunden. Solcherart behandelte Textilien sind daher nur eingeschränkt geeignet.

Es empfehlen sich Gegenstände, die nicht gewaschen werden und sich direkt am Körper befinden wie Haar- und Zahnbürste oder das Gebiss. Zu beachten ist, dass Gebisse und Zähne mit Mitteln gereinigt werden, die Bakterien vermindern oder abtöten sollen. Haarfitzelchen aus dem Rasierer können auch als letzte Chance dienen. Brillen liegen am Gesicht an und hier werden meistens nur die Gläser, nicht aber die Bügel gereinigt. Bei Schuhen stellt sich die Frage, woraus diese bestehen. Wie ist das Leder gegerbt oder sind die sonstigen Materialien hergestellt worden? Gerade Schuhe kommen durch den Kontakt mit dem Boden häufig mit fremden Gerüchen in Berührung. Bei Schuhen sollte, wenn überhaupt, der Geruch ganz vorne aus dem Schuh oder von der Unterseite der Einlegesohle genommen werden. Andere Gegenstände wie Fernbedienungen oder Telefone können zwar verwendet werden, sind aber aufgrund der glatten Oberflächen keine starken Geruchsträger, auch wenn sie häufig in die Hand genommen werden. Nicht empfehlenswert sind Gegenstände, die selbst für den Menschen einen starken Geruch aufweisen. Dies kann ein Zeichen für eine Behandlung mit hochaggressiven Chemikalien oder hinzugefügten Duftstoffen sein. Bei Alkohol zeigen Hunde unterschiedliche Reaktionen. Es sollte daher auf nach Alkohol riechende Gegenstände verzichtet werden.

So gut wie ungeeignet sind Geruchsträger, die fremden Geruch tragen. Man möchte schließlich nicht dem Pflegepersonal oder Angehörigen folgen. Wenn bekannt ist, dass es sich um einen Geruchsvorhalt handelt, der von anderen Personen angefasst worden ist, dann sollten diese Personen auf jeden Fall zum Ausschluss vor Ort sein oder es muss sichergestellt werden, dass sie sich nie in der Nähe des gewählten Abgangsortes aufgehalten haben.

Wie sollte gesichert werden?

Um eine Kontaminierung der Geruchsträger zu vermeiden, sollten Fremdpersonen nicht in die Nähe der zu verwendenden Gegenstände zugelassen werden. Idealerweise wird der Raum, in dem sich die persönlichen Gegenstände der vermissten Person befinden, nach dem Verschwinden so schnell wie möglich verschlossen und nur für Polizei und die Geruchssicherung durch den Hundeführer geöffnet. Personen, die sich bei der vermissten Person aufgehalten haben, hinterlassen ihren Geruch, wenn auch in geringeren Mengen. Trotzdem ist dieser Geruch hier noch vorhanden. Selbst durch Atemluft kann fremder Geruch anhaften.

Entgegen meiner Erwartung gab es keinen Abbruch der Alarmierung auf der Anfahrt und die Fahrt verlief auch ohne Staus. Sogar drei Minuten vor der erwarteten Ankunftszeit konnten wir uns, wie verabredet, mit den Polizisten in der Klinik treffen. Der Name „Klinik" wird dem gewaltigen Komplex aus etlichen Pavillons nicht gerecht. Hier ist der (vom NDR geprägte) Begriff „Medizinviertel" schon eher passend. Die ersten Informationen hatten wir bereits am Telefon erhalten. Das weitere Briefing erfolgte auf dem Weg zum Patientenzimmer. Die Stationsleitung war ebenfalls informiert und erwartete uns, um das Zimmer aufzuschließen. Nach all den Dingen, die wir bei der Sicherung von Geruchsvorhalten schon erlebt haben, erschien uns die vorliegende Situation fast schon paradiesisch! Der Patient hatte ein Einzelzimmer und war auch schon länger auf Station. Gleich nachdem bekannt wurde, dass der Patient verschwunden war, wurde auch schon die Tür verschlossen und alles so belassen, wie das Pflegepersonal es vorgefunden hatte. Einer der uns begleitenden Polizisten war auch mit als erster vor Ort gewesen, hatte sich das Zimmer in Hinblick auf Hinweise angesehen und war darauf bedacht gewesen, so wenig wie möglich anzufassen oder sogar anzuatmen. Das Erstaunen über diese durchdachte und kenntnisreiche Vorgehensweise konnte man meinen Gesichtszügen wohl deutlich ansehen. Es stellte sich heraus, dass genau dieser Beamte schon einige Suchen mit dienstlichen Personenspürhunden begleitet und viel über die Vorgehensweise erfahren hatte. Wir konnten nicht nur aus einer Fülle von guten Geruchsträgern wählen, sondern hatten auch noch die Personen zum Ausschließen vor Ort.

Sollte kein eindeutiger Geruchsvorhalt vorhanden sein oder hergestellt werden können, so muss als schlechte Alternative mit Mischgeruch gestartet werden. In diesem Fall wird folgendermaßen vorgegangen: Es wird nicht nur ein Geruchsvorhalt gesichert, sondern deren mehrere und in jeweils unterschiedliche Tüten verpackt. Diese werden dem Hund später nacheinander angeboten. Die dahinterstehende Idee geht davon aus, dass sich der Hund sozusagen die Schnittmenge aus den Gerüchen bildet und dem Geruch folgt, der in beiden Proben vorhanden ist.

Nicht unbedingt bewährt hat sich die Vorgehensweise, diese Geruchsvorhalte in eine einzelne Tüte zu verpacken. Denn in Krankenhäusern oder in Wohnheimen kann eben nicht ausgeschlossen werden, dass sowohl der Geruch der vermissten Person auch als die des Pflegepersonals am Geruchsvorhalt haftet und der Hund eben diesem Geruch folgt. Besonders, wenn der Hund immer dem jeweils frischesten Geruch folgt. Die Vorgehensweise kann nur praktiziert werden, wenn die auszuschließenden Personen mit geringer Wahrscheinlichkeit am Startplatz waren und der Hund dem stärksten Geruch folgt.

Wenn ein geeigneter Geruchsträger identifiziert worden ist, stellt sich die Frage, wie er gesichert werden sollte. Bei der Suche sollten auf jeden Fall Handschuhe angezogen werden. Auch wenn der Hund den eigenen Geruch kennt, so werden schonmal Gegenstände aus dem Mülleimer oder der Schmutzwäsche gesichert. Hier kann auch eine Zange zur Aufnahme von Gegenständen eingesetzt werden. Wenn ein weiteres Team in die Suche geht und einen bereits verwendeten Geruchsvorhalt benutzen muss, dann hat auf jeden Fall das erste Team zum Ausschluss vor Ort zu sein. Um die Geruchsausbreitung noch weiter zu verringern, empfiehlt es sich, ein zweites Paar Handschuhe überzuziehen. Selbstverständlich werden die Einweghandschuhe so aufbewahrt, dass fremde Gerüche so weit wie möglich ausgeschlossen werden. Gegenstände, die für die Geruchssicherung Verwendung finden, gehören nicht in Hosen- oder andere Taschen. Hier ist die Gefahr durch Übertragung von anderen Gegenständen, die irgendwie ihren Weg in die Taschen finden, recht hoch.

Wenn der Geruchsvorhalt in einer Tüte gesichert wird, sollte diese groß genug gewählt werden, damit der Gegenstand Platz hat und die Tüte sicher verschlossen werden kann. Auch hier bietet sich die Doppellage wieder an – die Tüte wird in einer größeren Tüte verstaut und direkt anschließend verschlossen. Letzteres kann aber beim Öffnen zu Verzögerungen führen oder die Tüte muss sogar zerrissen werden, was den Geruchsvorhalt für ein erneutes Anriechen unbrauchbar macht.

Mit der Hand in eine Tüte greifen, mit dieser den Geruchsträger zu greifen und dann die Tüte umzudrehen, empfiehlt sich eher nicht. Wie leicht kann es sein, dass Geruch an der Außenseite der Tüte anhaftet.

Neben Plastiktüten, die günstig in allen Größen und Ausführungen gekauft werden können, bieten sich auch Papiertüten an. Diese sind erstaunlicherweise weniger durchlässig als Plastiktüten, aber sperriger als Plastiktüten und gehen weniger gut zu verschließen. Absolut undurchlässig sind Tüten, die für die Beweissicherung von Brandschutt (Brandschuttbeutel oder auch Asservatenbeutel für Brandreste) verwendet werden. Diese eignen sich auch, sofern es notwendig werden sollte, auch für die längere Aufbewahrung von Geruchsträgern.

In 1988 wurde von Bill Tolhurst die „Scent Transfer Machine" entwickelt, um den vorhandenen Geruch durch eine Art Staubsauger einzufangen. Ein Motor saugt dabei Luft an und die Geruchspartikel werden in einer sterilen Kompresse, die eine Art Filter darstellt, eingefangen und gesammelt. Die Maschine gibt es auch noch einer vereinfachten Form, bei der die Luft durch Löcher am Boden hochsteigt, eingefangen und in einer Tüte eingeschlossen wird. Diese Vorgehensweise hat sich allerdings nicht durchsetzen können.[54]

Konservieren von Geruch

Die wenigsten Hundeführer werden wohl in die Verlegenheit kommen, einen Geruchsträger über einen längeren Zeitraum konservieren zu müssen. Nach der bereits beschriebenen sorgfältigen Sicherung des Geruchvorhaltes wird dieser in ein ausreichend großes Glasgefäß mit einem dicht schließenden Deckel gegeben und in den Gefrierschrank gepackt. Das Glasgefäß sollte vorher lediglich mit klarem Wasser gespült werden. Wer über einen Autoklav[55] verfügt, sollte diesen natürlich nutzen. Durch die beim Auftauen entstehende Wärme und Feuchtigkeit wird der Geruch

54 *Bill Tolhurst, a.a.O., S. 38*

55 *Oder auch Dampfsterilisator, der nach einem bestimmten Zeitraum durch Druck und hohen Temperaturen Gegenstände von lebenden Mikroorganismen wie Bakterien befreit*

wieder neu aktiviert. Wahlweise kann man auch die Luft mit einem Vakuumiergerät aus der Tüte ziehen und diese dann einfrieren.

Klonen des Geruchsvorhalts

Nicht immer kann der gewünschte Geruch direkt eingepackt und mitgenommen werden. In vielen Fällen ist der Geruchsträger einfach zu groß, zu unhandlich, fest verbaut oder es werden Kopien für weitere Teams benötigt. In diesen Fällen muss ein Klon hergestellt werden. Festzuhalten bleibt allerdings:

> Das Original ist immer besser als die Kopie!

Es kann sein, dass der Geruchsträger zu klonen ist, um weitere Geruchsvorhalte zu erhalten. So, wenn mehrere Teams in die Suche gehen und nicht für jedes Team ein guter Geruchsvorhalt als Original zur Verfügung steht. Hier gibt es mehrere Vorgehensweisen:

→ Abrieb

Hier wird mit einer sterilen Kompresse mehrfach mit leichtem Druck über den Geruchsträger gestrichen.

Auch so kann ein Geruchsvorhalt hergestellt werden.

→ Auflage / Abklatsch

Hier wird die Kompresse auf den Geruchsträger gelegt und mit Folie abgedeckt. Nach mehreren Minuten ist der Geruch übertragen worden und die Kompresse kann genutzt werden. Um den Kontakt zwischen Geruchsträger und Kompresse zu intensivieren, kann auch ein schwerer Gegenstand, der vorsichtshalber in eine Plastiktüte verstaut wurde, auf die Folie gelegt werden. Alternativ kann bei einer Sicherung von kleineren Objekten auch mit Folie umwickelt werden.

→ Kopieren

Hier wird der Geruchsträger mit mehreren Kompressen in eine Plastiktüte gelegt. Nach mehreren Minuten haben auch hier alle Kompressen den Geruch angenommen bzw. er wurde übertragen und sie können einzeln weiterverwendet werden. Dabei ist darauf zu achten, dass es leicht feucht (nebelfeucht) und ansprechend warm ist.

… und andere Schwierigkeiten

Neben der Aufgabe, einen geeigneten Geruchsvorhalt zu finden und zu sichern, können auch weitere Probleme auftreten. Das können Angehörige sein, in deren Beisein der Geruchsvorhalt zu sichern ist. Da wird ein Kind vermisst und die Eltern müssen erläutern, was nur das Kind angefasst hat. Oder der Ehepartner führt durch die Räume und dabei wird ein gesamtes Leben vor einem ausgebreitet. Hier hilft es, Empathie zu zeigen, ohne sich in der professionellen Rolle beeinflussen zu lassen. Niemals sollten Versprechungen gemacht werden, die nicht eingehalten werden können. Niemand kann sicher sein, dass das vermisste Kind oder der vermisste Partner gefunden wird. Immer zugesagt werden kann aber, dass so gut wie alles versucht wird, um die Suche erfolgreich zu beenden.

Weniger belastend, aber ärgerlich sind Situationen, in denen stolz ein bereits gesicherter Geruchsvorhalt präsentiert wird. Wenn die Person, die gesichert hat, vor Ort ist und ausgeschlossen werden kann, dann sollte es machbar sein – solange die Person auch Ahnung von der Materie hat. Insbesondere, wenn ein guter Geruchsvorhalt nicht direkt vor Ort, sondern nur weiter weg gesichert werden kann, sollte mit diesem Geruch die Suche aufgenommen werden. Ein Helfer kann dann den „besseren" Geruch organisieren. Es kommt auch vor, dass der Mensch, der es gut mit einem meint, einen guten Geruchsträger stolz vor einem präsentiert! Nun gut, dann muss dieser Mensch eben mit in den Startbereich kommen – egal, wo dieser ist.

Was nicht passieren sollte ist der „Geruchsklau". Wenn mehrere Teams für die Suche angefordert worden sind, dann sollte es eine Selbstverständlichkeit sein, dass der einzige richtig gute Geruchsträger auch geteilt und nicht mitgenommen oder versteckt wird.

11. Vor dem Start

Der erste Eindruck

„Es gibt keine zweite Chance für den ersten Eindruck" lautet ein oft zitierter Satz der Wahrnehmungspsychologie. Durch das auch „Primacy Effect" genannte Phänomen wird der erste Eindruck oder auch der erste Satz stärker gewichtet und bewertet als folgende Eindrücke. Auch wenn es sich um einen sogenannten „Wahrnehmungsfehler" handelt, beeinflusst dieser erste Eindruck die weitere Wahrnehmung positiv oder eben auch negativ. Die „selektive Wahrnehmung" führt im weiteren Verlauf dazu, dass vorzugsweise Verhaltensweisen auffallen, die in das bereits gemachte Bild passen. Wenn also der erste Eindruck positiv ausfällt, dann wird auch während der gesamten weiteren Zeit eine eher positive Einschätzung vorherrschen. Der Hundeführer wird auch nicht unbedingt als Individuum betrachtet, sondern als Vertreter der Gruppe „Mantrailer" oder Repräsentant einer Organisation. Daher sollte auf ein insgesamt gepflegtes Äußeres und die eigene Körperhygiene geachtet werden. Dadurch wird, ohne dass ein Wort gesagt wird, gezeigt, dass die Person auch in Kleinigkeiten sorgfältig und sorgsam vorgeht.

Der erste Eindruck entsteht durch Kleidung, Mimik und Gestik, Auftreten, Stimme und Wortwahl. Dem gesprochenen Wort wird mehr Anteil an einer Einschätzung gegeben, als es ihm tatsächlich entspricht. Es hat sich gezeigt, dass einer Person mit gepflegter Bekleidung eine ordentliche Arbeitsweise zugebilligt wird. So banal es klingen mag: ein gepflegtes Äußeres ist eben auch Ausdruck einer gewissen Haltung. Wenn man schon schlampig mit sich selber umgeht, dann wird kaum Akkuratesse in anderen Bereichen vorherrschen. Niemand wird ein Model als Hundeführer erwarten. Dies ist auch kaum zu beeinflussen. Es sollte aber selbstverständlich sein, in den Dingen, die in der eigenen Macht stehen, Sorgfalt walten zu lassen. Eine Einsatzjacke sollte nicht mehrere Schichten von Flecken oder altem Dreck aufweisen und auch den Einsatzstiefeln sollte man ansehen, dass sie regelmäßig mit Pflegemitteln in Kontakt kommen. Shorts, Jeans mit Löchern, T-Shirts mit witzig gemeinten Aufdrucken, Turnschuhe oder Flip-Flops sind keine geeignete Einsatzbekleidung. Auch, wenn Hundeführer damit schon gesehen worden sind. Und wenn sich, was hoffentlich nicht vorkommt, jemand im Einsatz verletzt, dann werden im

Versicherungsfall auch sicherlich entsprechende Fragen nach der PSA (persönliche Ausrüstung) gestellt werden.

Die Persönliche Schutzausrüstung (PSA) hilft, sich ernsthafte Gefährdungen und Verletzungen vom Leib zu halten, so die Deutsche Gesetzliche Unfallversicherung (DGUV). Dies ist im Wesentlichen die Bekleidung.

Gerade weil der Hund einige Meter vor den Menschen läuft und weniger in der Blickachse von anderen Verkehrsteilnehmern liegt, sollte er durch eine reflektierende Weste oder ein entsprechendes Geschirr und Beleuchtung entsprechend kenntlich gemacht werden, damit mögliche Gefahren rechtzeitig erkannt und vermieden werden.

Signalfarben, Reflektoren und zusätzliche Beleuchtung tragen zur Sicherheit bei.

An die Startlinie!

Der „gute“ Start stellt eine wichtige Komponente im Ablauf einer Suche dar und kann entscheidend zum Erfolg beitragen. Was nützt die schöne antrainierte Anzeige der vermissten Person, wenn das Team nicht richtig vom Start wegkommt? Deshalb sollte alles im Vorfeld erledigt werden, was mittel- und unmittelbar zum Start gehört – noch bevor auch nur daran gedacht wird, den Hund aus dem Auto zu holen.

So banale Dinge wie Wasser bereitzustellen oder auch eine kurze Kontrolle von Geschirr, Leine und den eigenen Utensilien gehört hierher. Auch hier kann der Flanker / Helfer wertvolle Unterstützung bieten. Schnell ist das Wasser in den Napf gefüllt, vielleicht leicht aromatisiert, um die Flüssigkeitsaufnahme zu erleichtern oder das Geschirr und die Leine an den Rucksack geschnallt: so ist es auf jeden Fall dabei und kann nicht vergessen werden.

Es gibt einige Sachen, die man immer direkt am Körper haben und auf keinen Fall jemand anderem geben sollte. So unwahrscheinlich es auch klingen mag, aber manchmal sind nicht mehr alle Begleiter an der Seite. Da findet man sich an der Endhaltestelle einer Bahnlinie mit seinem Flanker wieder. Die anderen haben sich schon verabschiedet und die Wache am Auto hat keinen Führerschein. Es ist nicht schön, dann ohne Geld dort zu stehen und zurück „schwarz“ fahren. Selbst in auffälliger Einsatzbekleidung muss es nicht unbedingt sein und Diskussionen mit Kontrolleuren sind auch nervig. Wenn der Weg getrackt wird, dann ist hier und jetzt der geeignete Zeitpunkt, die Aufzeichnung zu starten. Sollte die App eine Funktion bieten, dass der Weg auch von anderen live verfolgt werden kann, dann sollte diese Funktion auch aktiviert und die Information darüber weitergegeben werden.

Weg da!

Es gibt eine einfache Regel:

> Alles und jeder, das oder der nicht zwingend für den Beginn der Suche notwendig ist, hat den Startbereich zu räumen.

Noch besser, wenn der unmittelbare Bereich des Startes gar nicht erst besetzt wird. Seit Minuten oder sogar Stunden laufende Motoren und / oder Dieselaggregate erschweren den Start durch Lärm und Verschmutzung unnötig. Erschwerend kommt hinzu, dass sich in der Regel in diesem Umfeld auch eine Menge Menschen, womöglich noch mit ihren Hunden, versammeln und aufhalten. Natürlich blendet ein gut trainierter PSH die Umgebung komplett aus – eine Aufgabe des Hundeführers ist es, dem Hund die Suche so einfach wie möglich zu machen.

Daher sollte, wenn nicht nur der PSH, sondern auch noch Flächenhunde angefordert werden, im Vorfeld ein „Verfügungsraum" festgelegt werden. Natürlich kann es immer sein, dass die Spur genau hier entlang führt. Dann ist aber die Richtung schon bestimmt worden und notfalls kann dieser Bereich auch überbrückt werden.

Der Weg zum Einsatzort führte quer durch die große Stadt. Auch wenn der Feierabendverkehr schon lange durch war, waren wir natürlich mal wieder deutlich nach den Flächenhunden vor Ort. Vermisst wurde ein 64jähriger Mann mit COPD[56] *und bekannter Depression. Er hatte einen Abschiedsbrief hinterlassen und war seit 34 Stunden verschwunden. Ein Geruchsvorhalt konnte in der Wohnung gut gesichert werden, der Start war dann direkt an der Eingangstür. Die Wohnung befand sich in der Umgebung von fünf weiteren ebenso gebauten achtstöckigen Blocks mit großzügigen Freiflächen und Parkmöglichkeiten um die einzelnen Gebäude. Die Autos parkten direkt gegenüber den Wohnhäusern. Die Flächenhunde hatten schon ihren*

56 **C**hronic **O**bstructive **P**ulmonary **D**isease = chronisch fortschreitende Erkrankung der Lunge

Auftrag bekommen, die Grünflächen und landwirtschaftlich genutzten Flächen rund um das Wohnhaus abzusuchen.
Ich setzte Shania direkt vor der Eingangstür an und nach kurzem Sondieren startete sie auch gleich. Leider konnte ich nicht erkennen, dass sie eine deutliche Spur verfolgte. Es war eher ein Hin- und Herpendeln und die Suche im Geruch.
Sie lief bis zu den anderen Gebäuden, querte den Parkplatz, lief zur Rückseite des Gebäudes und lieferte dort eine Hochanzeige ab. Wie sich herausstellte, war auf dieser Seite der Balkon der Wohnung unserer vermissten Person. Nicht verkehrt, aber auch nicht das, was wir wollten. Also wieder zurück auf Start und neu angesetzt. Hier kam jetzt endlich der Abgang mit einer deutlichen Richtungsanzeige zur Straße. Aber schon nach kurzer Zeit war Ende, und zwar in dem Buswartehäuschen, wo es sich die zurückgekehrten Hundeführer (Fläche) schon bequem gemacht hatten. Hier zog Shania mich zu den Sitzen und kuschelte sich an. Was blieb mir anderes übrig, als sie hier aus der Suche zu nehmen? Wie sich später herausstellte – sie war genau richtig! Unser Vermisster meldete sich später bei der Polizei und bestätigte, dass er im Häuschen gewartet und den Bus genommen hatte. Also hatte Shania alles richtig gemacht – und die Situation war gegen sie.

Direkt vor Ort haben sich nur die Personen aufzuhalten, die auch für die Suche von Bedeutung sind. Das sind neben Flanker und / oder Helfer auch die Personen, deren Geruch möglicherweise auf dem Geruchsvorhalt gelandet ist. Sie müssen vor Beginn der Suche ausgeschlossen werden. Das Abchecken der vor Ort befindlichen Personen sollte sich auf diejenigen beschränken, die im Rahmen der Suche direkt beteiligt sind.

12. Drei, zwei, eins – los geht es!

Es kommt immer anders als gedacht

„Im Krieg ist mit dem ersten Schuss jeder Plan vorbei.“[57] Und in diesem Sinne wird auch jeder Einsatz anders verlaufen, als man es sich am Beginn vorgestellt oder überlegt hat. Umso wichtiger ist es, im Training Standardsituationen wieder und wieder zu üben. Ähnlich wie Sportler, die bestimmte Bewegungsabläufe wieder und wieder und nochmals wiederholen. Durch diese Routine kommt Sicherheit in wiederkehrende Abläufe. Und bei aller Routine – genauso wichtig kann es werden, von diesen ritualisierten Abläufen abzuweichen. Und sowohl im „Handwerkskoffer“ zu haben, dass für fast jede Situation eine Variante bereitsteht. Oder aus dem vorhandenen Wissen eine neue Vorgehensweise zu kreieren oder zu erkennen, dass hier etwas gerade anders abläuft, als eben geplant.

Das Ritual

Im Laufe der Jahre und des Trainings hat sich mit der Zeit ein bestimmtes Ritual für den Ablauf entwickelt. Dieses Ritual kann eher lässig oder aber recht ritualisiert geworden sein. Wie auch immer es ist – es ist richtig, dass dieses Ritual im Einsatz beibehalten wird. Änderungen ziehen für einen Zeitraum gewisse Unsicherheiten mit sich und diese gilt es im Ernstfall zu minimieren. Das Ritual gibt eine gewisse Sicherheit. Es wird abgerufen, was schon Hunderte von Malen geübt und wie im Schlaf ausgeführt werden kann. Der Ablauf ist damit automatisiert worden und erfordert keine große Aufmerksamkeit mehr. Diese Aufmerksamkeit kann auf andere Dinge gerichtet werden. Daher ist es wichtig, im Training diesen Ablauf wieder und wieder zu üben.

Wenn der Geruchsvorhalt immer vor dem Start in der rechten Jackentasche mitgeführt und nach dem Anriechen in die linke Jackentasche gepackt wird, ist

57 *Carl Philipp Gottlieb von Clausewitz (1780–1831), preußischer Heeresreformer und Militärwissenschaftler*

Hund und Hundeführer haben ihr Ritual gefunden – wobei der Hund eher als der Hundeführer fertig ist!

sichergestellt, dass nicht ein bereits benutzter Geruch verwendet wird. Es wird damit ausgeschlossen, dass ein versehentlich vom letzten Training übriggebliebener Geruch Verwendung findet, denn der „richtige“ Geruch wandert immer von einer in die andere Jackentasche. Idealerweise sollte natürlich nach dem Training alles wieder auf „Null“ gesetzt werden. So wird auch die Wahrscheinlichkeit im Laufe der Zeit minimiert, dass ein wichtiger Gegenstand vergessen wird.

Trotz eines bestehenden Rituals müssen aber Änderungen möglich sein. Was könnte schlimmer sein, als ein Ablauf, der aus der Situation heraus geändert worden ist, den der Hund als solches aber nicht mehr erkennt und deshalb nicht startet.

So kann der Perimeter[58], egal ob mit oder ohne Prescent[59], eine wichtige Bedeutung auch für den Hundeführer erlangen. Der Hundeführer gewinnt nicht nur einen weiteren Überblick über die Situation, sondern auch er kann Dinge für sich überprüfen. Und seien es auf den ersten Blick so banale Dinge wie: Sitzen die Schuhe richtig? Oder: Bin ich für die Situation angemessen gekleidet? Oder: Wie ist die Motivation des Hundes?

58 *Der Hund wird am Halsband in einem Kreis um den Startpunkt geführt, um die Umgebungsgerüche bereits aufnehmen zu können.*

59 *Der Geruchsvorhalt wird im Startbereich bereits präsentiert, damit sich der Hund während des Perimeters mit den vorhandenen Gerüchen vertraut machen und den präsentierten Geruch schneller identifizieren und damit aufnehmen kann.*

Die Qual der Wahl

Vor dem eigentlichen Start sollte auch die Umgebung inspiziert und die Wahl des Startplatzes entschieden werden. Denn: durch die Auswahl des Startpunktes wird die Suche gestaltet. Es stellt sich die Frage, wo genau gute Startpunkte sind, wie ist die Bebauung und wie ist der Wind?

Ich kann nicht behaupten, dass ich diese Momente wirklich liebe, wenn das Telefon nachts klingelt und ich mein warmes Bett verlassen darf, während draußen der Wind um das Haus heult. Diesmal hatte ein älterer Herr beschlossen, auf Wanderschaft zu gehen und die Pflegeeinrichtung mit unbekanntem Ziel und ohne Wissen der Pflegekräfte zu verlassen. Der Ansatzpunkt erklärte sich für uns von selbst: Der Herr hatte das Gebäude durch den Haupteingang verlassen. Ganz einfach gestaltete es sich trotzdem nicht, denn die Fassade bestand aus bodentiefen Fenstern aus leicht spiegelndem Glas. Selbstverständlich wurde das Gebäude durch automatisch betriebene riesige Glastüren betreten und verlassen. Das Gebäude selbst war in L-Form gebaut, der Vorplatz war großzügig gestaltet. Und gab dem Wind richtig Platz zur Entfaltung! Da boten auch die Blumenkübel nicht viel Windschutz. Im Sommer war es bestimmt ein netter Platz, der auch zum Verweilen einlud. Aber eben nicht bei Temperaturen leicht über Null und dichtem Nebel. Und Feuchtigkeit in dünnen Tropfen speichert bekanntlich auch noch gut die Kälte.
Wir baten darum, dass für das Zeitfenster, das wir für den Start brauchen, die Automatik bitte abgeschaltet würde. Denn dieses „Wusch Wusch" und die hier entstehenden Luftströmungen durch warme Luft im Inneren, kalte Luft außen und auch noch Wind konnte wir gerade jetzt nicht gebrauchen. Direkt vor der Tür war aufgrund der Spiegelungen im Glas auch keine gute Idee. Die riesige Fußmatte vor der Tür piekste wohl auch noch. Die Wahl fiel daher auf einen dieser großen Blumenkübel aus Waschbeton, der relativ dicht an der Hauswand stand. Google wurde im 180 Grad-Winkel gegen den Kübel gestartet – so hatte er schon gleich eine erste Entscheidung zu treffen. Die Seite war so gewählt, dass Google sich auch in den Wind hinein suchen konnte. Er entschied sich sofort dafür, in den Wind zu gehen und lief eine Treppe halb hoch und gleich wieder hinunter. In diesen Fällen zahlt sich eine längere Leine wirklich aus und spart Energie. Er folgte dem Weg in Richtung einer Parkanlage mit tiefer Nase und mit einer Rute, die sich sichelförmig bis auf das Rückgrat bog – bei Google ein eindeutiges Zeichen für „die Spur ist gesi-

chert". Er suchte sich aus der Parkanlage eine Straße entlang mit einem Abbieger nach links. Und einem weiteren Abbieger nach links und weiter und immer weiter. Soviel zu dem Thema „nicht gut zu Fuß!" Noch bevor der Hund wirklich erschöpft war, entschieden wir uns zu einem Wechsel. Shania nahm die Spur gut auf und verfolgte sie weiter. Nach einem weiteren Linksabbieger waren wir dann wieder in die Nähe unseres Ausgangspunktes gekommen. Es ging aber nicht nochmals nach links und damit zum Gebäude – sondern an diesem entscheidenden Abbieger weiter geradeaus! Und zwar immer weiter geradeaus. Der Regen peitschte uns jetzt von vorn genau ins Gesicht. Und es ging immer noch weiter geradeaus. Nach einigen Kilometern beendeten wir dann die Suche.

Zwei Tage später stellte sich heraus, dass der Herr doch noch ziemlich mobil war und in zwölf Kilometern Entfernung geradeaus in einer Fußgängerzone aufgefunden worden war. Wie er dort hingekommen war, konnte nicht mehr festgestellt werden. Da er aber ziemlich unterkühlt aufgefunden wurde, ist die Wahrscheinlichkeit hoch, dass er tatsächlich die komplette Strecke zu Fuß zurückgelegt hatte. Was in dieser Nacht wirklich passiert war, werden wir aber leider nie erfahren.

Neben dem Geruchsvorhalt kommt der Wahl des Startplatzes eine entscheidende Bedeutung bei. Insbesondere bei Starts aus dem häuslichen Umfeld der vermissten Person muss die Wahrscheinlichkeit geringgehalten werden, dass einer alten Spur gefolgt wird. Auch hier gilt die Devise:

Mache es dem Hund so einfach wie möglich!

Beachtet werden sollte, sofern die Gegebenheiten es zulassen:

→ In den Wind starten

Ist die Person in den Wind gegangen, so wird der Geruch deutlich zugetragen. Ist dies nicht der Fall, wird der Hund mit dem Wind gehen und so dem Geruch folgen.

→ Die „Prallfläche“ suchen

Die Geruchspartikel fangen sich an Vorsprüngen oder Überhängen und verteilen sich allmählich von dort aus wieder. Deshalb sucht ein Hund sich mit großer Wahrscheinlichkeit von selbst in diesen Bereich hinein – und auch eigenständig wieder heraus.

→ Ansatz in 180 Grad

Der Ansatz an einem Hindernis (Mauer, Hecke und ähnliches) bedeutet gleich zu Beginn eine Entscheidung. Es gibt zwei Richtungen, in die gestartet werden kann. Durch die seitlich offenen Nasenflügel kann der Geruch aufgenommen, die Stärke und Dichte analysiert und die Richtung bestimmt werden. Außerdem ist der Hund sofort wach und das Riechhirn aktiviert, weil es schon am Anfang eine Aufgabe zur Differenzierung des Geruches bekommt. Eine Beeinflussung durch den Hundeführer wird minimiert.

→ Ansatz an matten Flächen

Spiegelnde Flächen am Ansatz oder Durchblicke in Ladengeschäfte können zu Irritationen führen.

Die Umgebung kann auch zu Irritationen beim Hundeführer führen.

→ Ansatz neben der Tür

Wenn der Hund neben einer Tür angesetzt wird, kann er sich zur Quelle des Geruchs orientieren. Direkt an Türen, insbesondere an Automatiktüren, wird der Geruch durch den Sog der Türen und die Änderung von Temperatur und Luftfeuchtigkeit verwirbelt und undeutlich.

→ Ansatz in der Mitte

Wenn es zwei mögliche Ein- bzw. Ausgänge gibt, die relativ dicht zusammen sind, dann hat der Hund hier die Möglichkeit, den frischeren Geruch zu finden.

→ Start quer zum Windkamin

Niemals sollte direkt in einem Bereich mit Kamineffekt (s. a. S. 215) gestartet werden. Was soll der Hund dort anders tun, als dem Geruch in Windrichtung zu folgen, nach etlichen Metern zu merken, dass der Geruch dünner wird und zu drehen? Besser ist es, seitlich im 90-Grad-Winkel aus einem windberuhigten Bereich in den Kamin zu starten.

→ Am Rande einer Kreuzung starten

In der Mitte einer Kreuzung ist häufig kein Geruch, weil die Partikel durch den Wind verblasen oder durch den Verkehr mitgerissen und verdünnt worden sind. Besser ist es, die „Windsammler" oder „Prallflächen" zu suchen. Also Plätze, an denen der Geruch durch den Wind gesammelt, durch topographische Verengungen verdichtet oder durch Hindernisse gebrochen wird („Windbreaker": Hausecken, Bordsteine) oder durch Feuchtigkeit angezogen wird (Hecken, Gras).

Gerade auf offenen Flächen kann die gute Wahl des Startplatzes von entscheidender Bedeutung sein. Ein kleines Anzeichen für die aktuell vorherrschende Windrichtung ist zu erkennen.

In dieser Nacht wurden wir zu einem Einsatz gerufen, bei dem wieder eine ältere Dame vermisst wurde. Sie hatte ihre Tochter besucht, die sie nach dem Kaffeetrinken in die U-Bahn gesetzt hatte. Es waren nur drei Stationen bis zur Wohnung der Mutter, die auch einfach fußläufig von der Bahnstation aus zu erreichen war. Die Tochter wollte sich vergewissern, dass ihre Mutter gut nach Hause gekommen war und hatte mehrfach vergeblich versucht, sie telefonisch zu erreichen. Nachdem die Mutter sich wiederholt nicht gemeldet hatte, war die Tochter zur Wohnung gefahren und hatte die Mutter dort nicht angetroffen. Auch der Mantel und die Handtasche waren nicht am üblichen Platz in der Wohnung.
Hier war es endlich einmal relativ einfach, einen guten Geruchsvorhalt zu sichern. Die Tochter war natürlich sehr besorgt um ihre Mutter, denn diese war ihrer Meinung nach körperlich und geistig topfit und auf keinen Fall dement! Die Polizei hatte die Videoaufzeichnung der Bahnhofstation gesichtet und konnte anhand dieser Auswertung sichern, dass die vermisste Dame die Treppe vom Bahnsteig hinunter in die Halle genommen und sich in der Halle vor einem Fahrkartenautomaten aufgehalten hatte.

Hier konnte der Startpunkt durch die Videoaufnahme am Bahnhof genau definiert werden.

Damit hatten wir nicht nur einen guten Geruchsvorhalt, sondern auch einen genau bekannten Startbereich. Sogar die Uhrzeit kannten wir!
Shania und ich starteten als Erste. Der Geruch wurde gut aufgenommen, ein schöner Kreis in der Halle gedreht und zügig der Ausgang in Richtung Wohnung genommen. Doch schon kurz nach dem ersten Übergang über die Straße kam ein deutliches Negativ und die Drehung zurück zur Bahnhofshalle. Doch noch vor

dem Eingang ging es gerade die Straße weiter. Nach noch nicht einmal 75 Metern kam wieder ein Negativ und die Drehung. Nun gut, die Halle hatte schließlich noch einen hinteren Ausgang zu den Bushaltestellen. Die Suche ging zügig in Richtung Buswartehäuschen, dort vorbei, über die nächste Straße. Und dann kam auch hier ein Negativ! Was war nur los? Zurück in die Halle, die Treppe zum Bahnsteig hoch und auch dort kam ein Negativ. An dieser wusste ich nicht mehr weiter und beendete daher die Suche.
Auch ein zweiter Hund zeigte genau diese Verhaltensweisen und Abbrüche. Mal deutlicher, mal schwächer, mal kam der Abbruch später und mal schwächer. Wir haben dann bewusst den Hund in eine Richtung gedrückt, die für uns am deutlichsten war. Er hat die Richtung aufgenommen, allerdings sehr zögerlich und ohne die für eine relativ frische Spur richtige Körperspannung. Durch eine Parkanlage ging es zur Rückseite des Hauses, in dem sich die Wohnung befand und hier war auch wieder Ende. Was blieb uns übrig, als die Suche hier zu beenden? Unbefriedigend für alle Beteiligten, aber besser, als einen Hund auch noch bewusst in eine Richtung zu drücken, nur um feststellen zu müssen, dass auch dies keine Lösung barg.
Am nächsten Vormittag erhielten wir eine für uns zufriedenstellende Rückmeldung von der Polizei: Die Dame hatte mitten in der Nacht wieder bei ihrer Tochter an der Tür geklingelt. Sie hatte nach eigenen Angaben einen schönen Tag gehabt. Sie war mit Bus und Bahn unterwegs und hat sehr nette Leute kennen gelernt. Soviel auch zum Thema, dass eine Demenz nicht bekannt war!
Unser Fazit aus dieser Suche: „Wenn Du das Unmögliche ausgeschlossen hast, dann ist das, was übrigbleibt, die Wahrheit, wie unwahrscheinlich sie auch ist."[60] «

Eine Rückmeldung durch die Polizei zum Ausgang der Suche ist verständlicherweise eher die Ausnahme und nicht die Regel. Unter Angabe des Aktenzeichens wie 016/1K/694517/2019[61] und Name des Beamten kann (und wird) in der Regel die gewünschte Auskunft gegegeben.

Wenn der Ansatzpunkt nicht genau bekannt ist, weil die vermisste Person zuletzt „irgendwo da" gesehen worden ist, wird vermutlich abseits der eigentlichen Spur gestartet. Bei dieser Vorgehensweise ist es wichtig, dass das Auffinden der Spur

60 *Sir Arthur Ignatius Conan Doyle M.D. (1859 -1930), britischer Arzt und Schriftsteller.*

61 *Angaben geändert*

deutlich gezeigt wird. Sei es durch eine aktive Anzeige wie Bellen oder mit einer passiven Anzeige durch eindeutige Änderung der Körpersprache.

Angewendet wird hier die **Lightning- oder Blitz-Strategie**. Der Name dieser Strategie leitet sich ab aus dem Gefahrensymbol für Elektrische Gefahren und lässt sich folgendermaßen beschreiben:

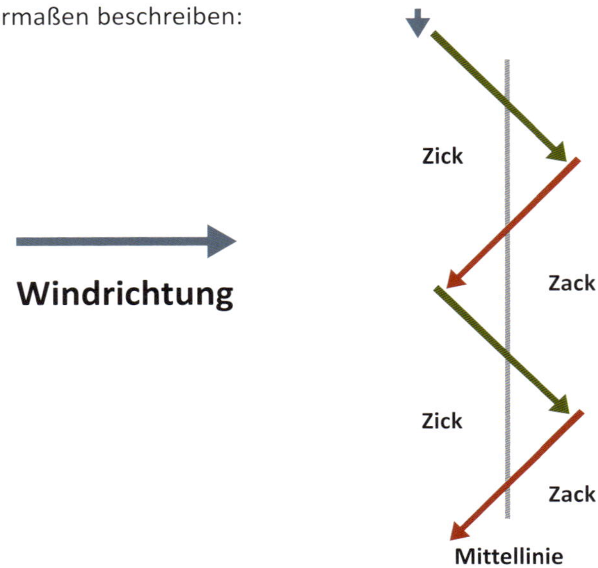

- Bestimmen der vorherrschenden Windrichtung
- mit der Suche auf der Seite beginnen, auf die der Wind steht
- Festlegen einer imaginären Mittellinie
- den Hund in einem Winkel von 90-Grad zum Wind ansetzen und über die gedachte Mittellinie im Zickzack über den Platz, jeweils im 45-Grad-Winkel in den Wind, dann im 45-Grad-Winkel aus bzw. mit dem Wind geführt
- Sobald der Hund in den Geruchskanal eintaucht und einen zunehmenden Zug in eine bestimmte Richtung bzw. einen bestimmten Abgang zeigt, heißt es für den Hundeführer: Leine laufen lassen und folgen.
- Zeigt die Seite, auf die Wind steht, keine Erfolge, wird die gegenüberliegende Seite in gleicher Weise bearbeitet.

Zusammengefasst: Die erste Erkundung (ohne Hund) dient vor allem der Erkundung des Startbereiches, insbesondere der Topographie und des Windeinflusses und der Bestimmung des günstigsten Ansatzpunktes der Suche. Es dient vor allem auch der eigenen Ordnung. Was macht man als erstes, was als zweites? So entstehen eine innere Ordnung und Zielrichtung, die Ruhe in den Einsatz bringt.

»*Die Situation, die uns mit diesem Anruf geschildert wurde, lässt sich am ehesten mit „das Übliche“ beschreiben. Vermisst wurde seit vermutlich Mittag aus einem Pflegeheim ein Mann mit bekannter Demenz. Das Gebäude wurde natürlich von oben bis unten peinlich genau durchsucht. Der Herr blieb verschwunden. Wir hatten den Geruchsvorhalt gut sichern können und warteten jetzt auf die Motorradstreife, die uns begleiten sollte. Es zog sich etwas hin und so konnten wir uns, unsere Hunde und unsere Vorgehensweise vorstellen. Kaffee wurde natürlich auch reichlich gereicht und das nähere Umfeld des Gebäudes konnte ich beschreiben – auch ohne es an diesem Abend gesehen zu haben. Auf meinem Weg zur Arbeit fahre ich dort häufiger vorbei. Wir hatten im Vorfeld schon beschlossen, dass Hubble starten sollte, und zwar aus dem Gebäude heraus, denn die Flure waren sehr breit und so gut wie nichts stand im Weg. Eine gute Ausgangslage für einen ziemlich großen und eher grobmotorischen Hund und eine gute Möglichkeit, diese Vorgehensweise mit ihm zu testen. Nachdem dann alle vor Ort und die Aufgaben verteilt waren, stand dem Ansatz vor der Zimmertür nichts mehr im Weg. Der Flur war gerade breit genug, damit Hubble sich auch umdrehen und quer stellen konnte. Was er zu einer Seite auch gleich zeigte. Leider auch auf dem Flurabschnitt, der zum Treppenhaus und Fahrstuhl führte. Stattdessen entschied er sich für den Weg geradeaus und blieb vor einer Tür stehen – aus der uns auch schon eine Pflegekraft entgegenkam, die unsere vermisste Person dort gefunden hatte. Eigentlich sollte diese Tür verschlossen sein, was sie aber nicht war. Und unsere vermisste Person hatte sich fast unter das Bett gelegt und wurde deshalb beim ersten Durchsuchen nicht gefunden.*«

Bei jeder Suche stellt sich die Frage, wo genau angesetzt werden soll. Wenn die Person zuletzt in einem Gebäude gesehen wurde, stellt sich natürlich die Frage, ob die Suche innerhalb oder außerhalb des Gebäudes begonnen wird. Ganz eindeutig kann diese Frage nicht beantwortet werden – am ehestens noch mit einem „es kommt darauf an“. Und zwar auch darauf, wie das Gebäude gebaut und die Umgebung ist.

Wie kann der Startplatz bestimmt werden?

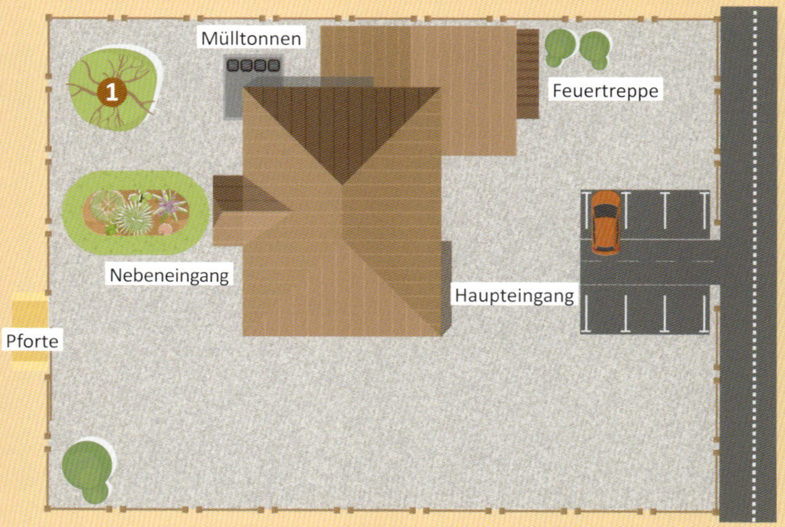

1 *In diesem Beispiel konnte definitiv ausgeschlossen werden, dass sich die vermisste Person noch im Gebäude (nicht in anderen Zimmern, nicht im Keller, nicht auf dem Dachboden und auch nicht in sonstigen Nebengelassen) aufhält. Da eine Suche aus einem Gebäude heraus sehr viele Ressourcen verbrauchen kann, wurde der Start vor dem Gebäude präferiert.*

2 *Der Notausgang zur Treppe konnte ausgeschlossen werden, da er alarmgesichert ist. Wer trotzdem sichergehen möchte, kann Informationen über die BMA*[62] *einholen. Der Aufwand dürfte hier aber nicht im Verhältnis zum Ergebnis stehen. Mögliche Vorgehensweise: Mit dem Hund am Gebäude entlanggehen und dabei beide Ausgänge einbeziehen. Der Start erfolgt dann entweder zwischen den Ausgängen oder in der Form, dass in den Wind gestartet werden kann.*

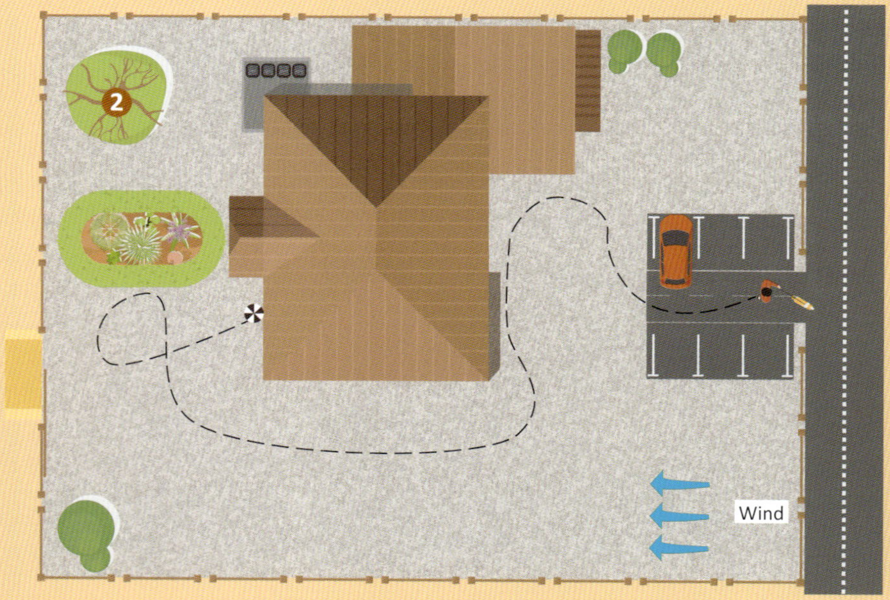

62 Brandmeldeanlage – bei der Installation wird festgelegt, was nach dem Auslösen des Alarms geschieht. Es gibt u.a. direkte Meldungen an die Leitstellen, akustische Signale oder das Auslösen von Sprinkleranlagen. Die Regelungen finden sich im BrSchG (Brandschutzgesetz) und DIN 14675

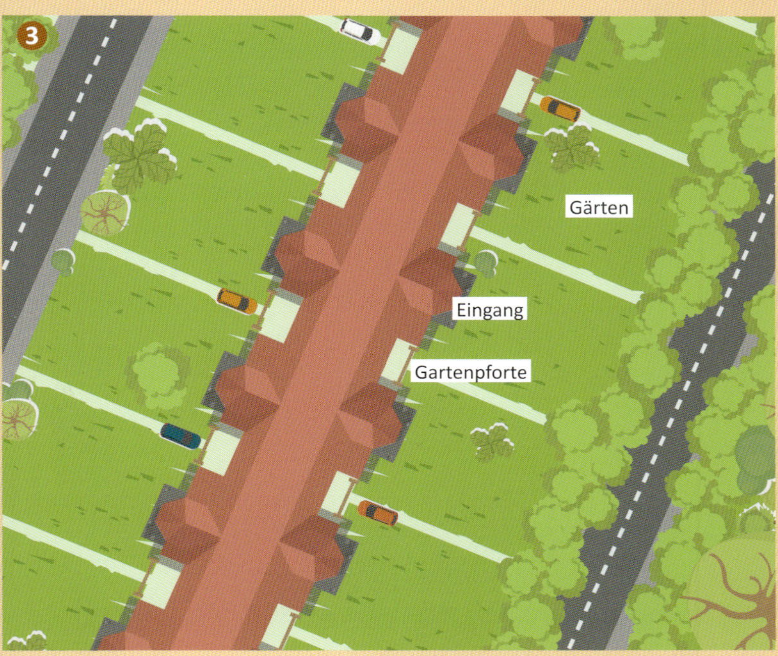

3 *Hier ist die Situation eindeutig: Da es in diesem Reihenhaus keinen Keller oder sonstigen Nebenräume gibt, kann einfach vor der Tür oder an der Pforte gestartet werden.*

4 *In diesem Beispiel gibt es eine Menge möglicher Ausgänge, die nacheinander abgearbeitet werden können. Wenn der Hund keine Spur an der Tür aufnimmt, kann diese aus der Suche gestrichen werden.*

Nimmt der Hund eine Spur auf, wird diese Tür in die gedankliche Liste aufgenommen. Der nächste Schritt besteht darin, dass der Hund an diesen Türen diejenige mit dem frischesten Geruch anzeigt. Was natürlich vorher geübt werden muss! Es geht hier nicht darum, von zwei sich überlagernden Spuren den frischeren Geruch anzuzeigen, sondern an voneinander entfernt liegenden Spuren den frischesten anzuzeigen.

Diese Vorgehensweise kann auch angewendet werden, wenn es sich nicht um Türen, sondern Ausgänge von dem Gelände handelt.

Die negativ angezeigten Türen werden nicht weiter beachtet – es sei denn, die Spur führt hier hinein! Hier muss geklärt werden, ob eine frischere Spur wieder hinausführt, denn ansonsten ist die Person noch im Gebäude.

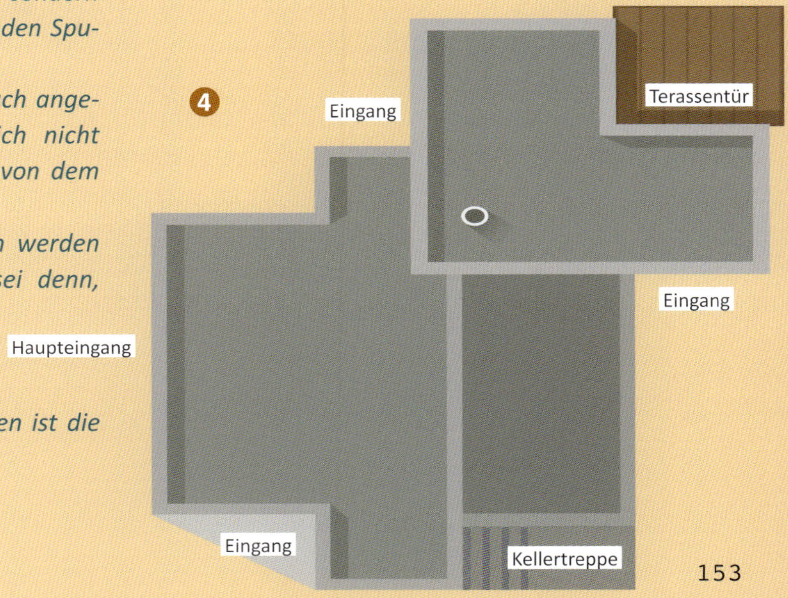

Nicht immer ist auch der Start aus dem Gebäude heraus möglich. So ist der innere Bereich der Notaufnahme eines städtischen Krankenhauses kein geeigneter Startplatz. Berücksichtigt werden muss auch, ob Klimaanlagen den Geruch verwirbeln oder ätzende Stoffe die Suche erschweren.

Beim Durchsuchen eines Gebäudes ist sicherzustellen, dass es für die vermisste Person keine Möglichkeit gibt, während der Suche den Standort unbemerkt zu wechseln. Fahrstühle und Treppenhäuser sind zu beobachten und die „Posten" müssen dafür jederzeit Blickkontakt zu einander haben. Durchsuchen bedeutet auch, dass die Zimmer betreten und bis in die Ecken kontrolliert werden. Vermisste Personen suchen auch Gegebenheiten auf, die einen Schutz versprechen. Besonders bei Kindern ist darauf zu achten, dass eben auch unter den Betten, unter und auch in Schränken, hinter den Türen und überhaupt an allen nur denkbaren und auch undenkbaren Orten nachgesehen wird. Es kann auch sein, dass sich die vermisste Person, aus welchen Gründen auch immer, eben nicht auf Rufen zu erkennen gibt oder sich anderweitig bemerkbar macht.

Der Start aus einem Gebäude heraus stellt das Team vor besondere Schwierigkeiten. Einen ersten Überblick zur Suchsituation und den Gegebenheiten kann in größeren Gebäuden der Flucht- und Rettungsplan[63] geben. Er kann auch beim Durchsuchen von Gebäuden als Hilfe dienen, um die Positionen der Posten festzulegen.

Bei einem Start direkt aus dem Zimmer heraus hat der Hund in der Regel eine Menge Geruch unterschiedlichen Alters der vermissten Person. Das kann aber auch ein Nachteil

63 Ein Flucht- und Rettungswegeplan dient der schnellen und einfachen Information über Wege, die im Brand- oder sonstigen Notfall zum zügigen und sicheren Verlassen des Gebäudes genutzt werden sollen.

sein, denn eine Suche aus dieser Anhäufung heraus kann auch problematisch sein. Eine weitere Möglichkeit ist der Ansatz vor der Tür, die offen oder geschlossen sein kann. Bei der offenen Tür kann der Hund die Lage abchecken, bei der geschlossenen Tür bleibt nur der Start in eine Richtung. Auch die erste Entscheidung, die nach dem Verlassen des Zimmers getroffen werden muss, kann als möglicher Ansatzpunkt dienen.

Die Flure sind oft schmal, verwinkelt und vollgestellt.

Deshalb empfiehlt es sich, dass der Hund sicher an kurzer Leine suchen kann. Wenn es machbar ist, sollten Türen aufgehalten werden – der Hund wird dann weniger in der Suche gebremst und kann sich bei möglichen Abgängen oder Treppenhäusern schneller entscheiden.

Das Ding mit der Tüte

Über die Problematik, überhaupt einen guten Geruchsvorhalt gesichert zu bekommen, ist schon erzählt worden. Es macht aber deutlich, aus welchem Grund der Geruchsvorhalt etwas sehr Kostbares – die Verbindung zur vermissten Person – ist. Der Geruchsvorhalt ist „sauber" in einer Tüte oder sogar in einer zweiten Tüte verpackt worden.

Es stellt sich jetzt die Frage, wie der Geruch präsentiert wird. Wenn davon ausgegangen wird, dass die Suche nach den Zersetzungsprodukten erfolgt und die Bakterien fleißig arbeiten müssen, dann sollte der Geruch so lange wie möglich warm und feucht gehalten werden. Die Tüte sollte erst geöffnet werden, wenn die Suche auch tatsächlich gestartet wird. Der Hund sollte die Möglichkeit bekommen, den bestmöglichen Geruch aufnehmen zu können.

Wie genau die Tüte präsentiert wird, hängt von der bisher praktizierten Vorgehensweise ab. Ob die Tüte bereits vorher oder erst direkt vor dem Hund geöffnet präsentiert wird, sollte dem Hundeführer überlassen bleiben. Auf jeden Fall sollte der Hund sich aber freudig und motiviert aktiv der Geruchsquelle zuwenden. Die Geruchsaufnahme sollte deutlich erfolgen. Nicht unbedingt für den Hund – es gibt dem Hundeführer aber Sicherheit bei einer Suche, die schon genügend Unsicherheiten in sich hat. Das Anreichen nach oder von unten bringt den Hund dazu, sich in Bodennähe zu orientieren und damit dem Geruch auf dem Boden zu folgen.

Oft passiert es, dass sich nur kontaminierte Geruchsvorhalte sichern lassen. Hier können auch zwei Geruchsvorhalte gesichert, eingetütet und dem Hund nacheinander präsentiert werden. Der Hund eliminiert die Gerüche, die nur einmal vorhanden sind und folgt dem Geruch, der an beiden Geruchsvorhalten zu finden ist. Zum Ritual sollte gehören, dass ein einmal benutzter Geruchsvorhalt deutlich anders gelagert wird. Zur Sicherheit sollte der benutzte Geruchsvorhalt beim jeweiligen Hundeführer verbleiben. So kann vermieden werden, dass ein weiteres Team einen bereits benutzten Geruchsvorhalt ohne diese Information bekommt. Der Hundeführer kann während der Suche den Geruch nötigenfalls erneut präsentieren. Der Verknitterungsgrad einer Plastiktüte ist kein sicheres Zeichen dafür, ob die Tüte bereits benutzt worden ist oder eben nicht.

Die Präsentation in Gläsern hat den Vorteil, dass kein Geruch diffundieren kann, aber sie birgt auch die bereits beschriebenen Nachteile.

Der „gute“ Start

Es kann nicht oft genug betont werden, dass ein guter Start die halbe Suche ist. Die andere ist ein guter Geruchsvorhalt. Nicht immer ist der Startpunkt übersichtlich und ablenkungsfrei. Selten ist auch eine deutliche Geruchsspur vorhanden. Neben dem Differenzieren von Gerüchen aller Art müssen auch die Spuren unterschiedlichen Alters der vermissten Person ausgearbeitet werden. Für den Hundeführer bedeutet es: Nach dem Anriechen am Geruchsvorhalt Ruhe bewahren und dem Hund die Zeit geben, die er braucht.

> Der Hund bestimmt den Start – sowohl die Richtung als auch das Tempo!

Meistens ist die Zeitspanne zwischen der Geruchsaufnahme und dem deutlichen Start gefühlt länger, als sie tatsächlich ist. Ein deutliches Suchverhalten sollte hier schon zu erkennen sein. Die Leine wird relativ kurz gehalten und es ist noch genügend

Leinenlänge in Reserve, um nicht zu schnell die Richtung des Hundes aufzunehmen und dadurch womöglich zu bestätigen. Alleine der Hund bestimmt die Abgangsrichtung, auch wenn es eine Zeit dauern sollte und wie eine Ewigkeit erscheint. Auch das Tempo ist seine Entscheidung. Nach der Geruchsaufnahme wird keine Richtung durch den Hundeführer vorgegeben. Sofortiges Losstürmen, auch wenn es wirkungsvoll aussieht, führt oft zu schnellen Abbrüchen, weil die Abgangsrichtung nicht eindeutig lokalisiert worden ist. Hier heißt es durchatmen, Leine laufen lassen und erst losgehen und Leine verkürzen, wenn die Spur deutlich aufgenommen worden ist.

Wenn sich die Aufnahme der Spur lange hinzieht, so drängen sich die Fragen auf: Wie gut ist der Geruchsvorhalt? Wie gut ist die Wahl des Startplatzes? Wie gut kann der Hund differenzieren? Kann der Hund ohne Hinweise durch den Hundeführer eigenständig starten? Hat sich die vermisste Person wirklich vor Ort aufgehalten? Wenn nach einer angemessenen Zeit, die sich nach den bisherigen Erfahrungen richtet, keine Spur aufgenommen wird, sollte die Suche an dieser Stelle auch beendet werden. Das ist immer noch besser, als in irgendeine Richtung zu starten, nur, damit es endlich losgeht.

> Kein guter Start bedeutet – keine gute Suche – bedeutet – kein Ankommen.

Überprüfung

Da ist der Hund gestartet und dennoch bleibt ein Gefühl der Unsicherheit und gibt Raum für die Überlegung, ob eine Überprüfung durch einen oder mehrere Hunde sinnvoll ist. Die Frage stellt sich nicht, wenn der Hund und sein Hundeführer ein gutes und eingespieltes Team bilden. Dann kann der Hundeführer genau sagen, ob der Hund die Spur aufgenommen hat und sie verfolgt – oder eben nicht. Genau das muss klar kommuniziert werden. Ein zweiter Hund hat hier lediglich die Aufgabe, die Richtung abzusichern. Welcher Erkenntniszuwachs ergibt sich, wenn ein zweiter Hund eine andere Richtung nimmt? Ignorieren oder annehmen? Oder liegt das Ergebnis im Bereich des Zufalls? Sollen womöglich solange weitere Hunde gestartet werden, bis sich eine Mehrheit ergibt? Wohl kaum. Hier werden wieder einmal die Erfahrung und die ehrliche Einschätzung des Hundeführers gefragt.

13. Die Düfte von Dingen[64]

Geruch ist dynamisch

Auch wenn noch nicht abschließend erforscht und nachgewiesen worden ist, wie Geruch altert und wie er sich wann genau verhält, so gibt es doch wissenschaftliche Ergebnisse und auch Erfahrungswerte, die man zugrunde legen kann. Geruch ist noch vorhanden, auch wenn sich die Quelle des Geruchs schon entfernt hat.[65] Und man kann festhalten:

> Geruch ist dynamisch – sowohl im Alterungsprozess als auch im Verhalten.

Die Umgebung, in der der Geruch sich befindet, beeinflusst das Verhalten von Geruch. Auch wenn sich Stadt und Land unterscheiden, die Unterschiede im Verhalten von Geruch sind gar nicht so eklatant wie erwartet.

Geruch kann sich auch an Hauswänden sammeln und dort nach oben gezogen werden, da Wände eine Barriere bilden und gerade im Winter häufig wärmer als die Umgebung sind. Mit zunehmender Sonneneinstrahlung und dadurch erzeugter Wärme wird sich der Geruch nach oben entwickeln. Mit zunehmender sinkender Sonne und dadurch sinkenden Temperaturen wird sich auch der Geruch wieder in Bodennähe bewegen. Entsprechend wird sich auch bei den Hunden die Höhe der Suche ändern. Auch an schattigen Stellen tritt dieses Phänomen auf. Geruch bleibt nicht einfach am Boden liegen, sondern er ändert laufend seine Position und Stärke.

Bei sehr hohen Temperaturen und Trockenheit kann es dazu kommen, dass der Geruch auch für den Hund nicht mehr wahrnehmbar ist und sich sozusagen verflüchtigt hat. Bei Temperaturen unter dem Gefrierpunkt wird auch der Geruch

64 *Patrick Süskind, Das Parfüm*

65 *Angela Snovak, a.a.O.*

„eingefroren". Feuchtigkeit verbessert die Qualität von Geruch. Geruch altert zudem nicht gleichmäßig und verblasst mit der Zeit, sondern die Alterung erfolgt in Sprüngen.

Dadurch ergeben sich Lücken auf der Spur, die das Team erkennen und überbrücken muss.

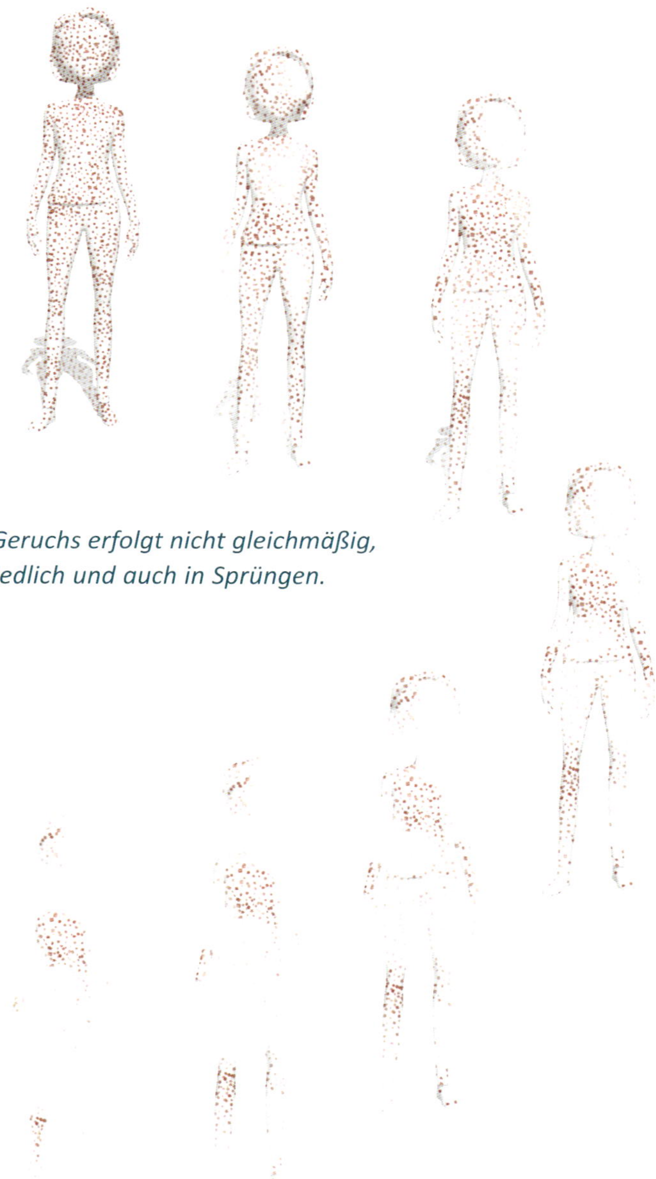

Die Alterung des Geruchs erfolgt nicht gleichmäßig, sondern unterschiedlich und auch in Sprüngen.

Geruch ist dreidimensional

Gleichzeitig ist Geruch dreidimensional, das heißt er breitet sich von der Position der vermissten Person je nach Einfluss des Windes in der Länge, in der Breite und – nicht zu vergessen – in der Höhe aus.

Ein größerer Hund hat hier einen Vorteil: Denn ohne weitere Anstrengung vergrößert sich die Möglichkeit, den Geruch durch die von Haus aus größere Abdeckung auch mal wieder zu finden, immens.

Der Geruch einer Person verteilt sich nicht gleichförmig, sondern in einer unregelmäßigen Duftwolke.

Geruchsausbreitung

„[Die] flächige Geruchsausbreitung entsteht, wenn sich die Person an einem Ort aufhält. Der produzierte Individualgeruch verteilt sich im Umkreis der Person, es entsteht ein sogenannter Geruchspool".[66] Hunde können hier Probleme bekommen, da sich der Geruch der gesuchten Person überall im Umkreis befindet. Er kann sich in einem Kreis, in Tropfenform oder auch, je nach Umgebung, in unregelmäßigen Formen verteilen. Die Aufgabe besteht jetzt darin, sich zu der Quelle des Geruchs zu bewegen oder durch den Geruch durch auf die weitergehende Spur zu kommen. Hier wird das Phänomen „Es wird nicht Geruch gesucht, sondern einem bestimmten Geruch gefolgt" deutlich. Der frischere Geruch aus dem Pool kann auch den älteren Geruch des Trails überlagern. So wird der letzte Teil einer Suche quasi zu einer Flächensuche, da der Hund die Quelle finden muss.

66 *Woidtke, S. 133*

Die „linienförmige oder progressive Geruchsausbreitung besteht immer nur dann, wenn sich die betreffende Person zielgerichtet fortbewegt."[67] Hier wird der Hund ein deutlich anderes Suchverhalten an den Tag legen – zielgerichtet und mit Körperspannung.

Ja, wo ist er denn?

Während der Suche sollte immer im Hinterkopf behalten werden, wie Geruch sich in der jeweiligen Situation „verhält". Sichtbar gemacht werden kann er nicht wirklich. Erfahrungswerte geben Anhaltspunkte:

→ An Kreuzungen, Bahnstrecken und -übergängen oder viel befahrenen Straßen wird Geruch sozusagen „mitgezogen" und sammelt sich in windstillen Ecken wie Bordsteinen oder Hecken, gerade wenn sie noch feucht sind.

→ Auf Brücken reißt der Geruch häufig in der Mitte ab, insbesondere, wenn es sich um eine offene Brücke handelt und sie nicht begrenzt wird. Kleine Steigungen oder Kuppen haben einen ähnlichen Effekt.

→ Die Beobachtung „Wasser zieht Geruch an" hängt damit zusammen, dass Wasser in der Regel kühler als die Umgebung ist und kalte Luft nach unten fällt. Städte sind von Flüssen oder Fleeten durchzogen, auf Plätzen sind häufig Springbrunnen oder Wasserspiele angelegt und nach

67 *Woidtke, S. 138*

Regenschauern bilden sich Pfützen. Wenn es abkühlt, sinkt der Geruch nach unten und sammelt sich auf dem Wasser oder in Vertiefungen. Stehende Gewässer halten Geruch fest, fließende Gewässer ziehen ihn mit sich.

→ Daher finden sich Geruchsansammlungen auch häufig in Einfahrten zu Tiefgaragen: auch hier ist es meistens kühler als in der Umgebung.

→ Geruch sammelt sich in Gräben oder kleinen Senken, da es hier windstill und auch häufiger feucht ist. Besonders, wenn die Gräben oder Senken bewachsen sind, fängt sich der Geruch. Selbst im städtischen Bereich gibt es etwa Ablaufrinnen, die wie Senken wirken. Manch ein Hund sucht sich den Geruch in den Ritzen von Pflastersteinen. Geruch sammelt sich auch unter Vordächern oder in Laubengängen, in Arkaden und Carports. Auch Baumkronen, die über einem Weg ein dichtes Blätterdach bilden, erzeugen diesen Effekt.

Gerade im städtischen Bereich suchen sich Hunde häufig von einer Geruchsinsel zur nächsten. Dies können minimal begrünte Flächen wie etwa Flächen unter Bäumen sein.

Wenn die Person oben an der Kante entlanggegangen ist, kann sich der Geruch in der windstillen und feuchteren Senke sammeln, von dort in Teilen wieder aufsteigen und sich an höher gelegenen Stellen oder unter Blättern erneut sammeln.

Wer aufmerksam schaut, erkennt an den feuchteren Stellen, wo sich der Geruch vermutlich länger halten wird.

Der Geruch sammelt sich häufig an kühleren Stellen und kann hier aufgrund der Überdachung nur schwer abziehen.

Auf den ersten Blick gibt es hier keine Erklärung, weshalb ein Hund, obwohl die vermisste Person nach links abgebogen ist, durch das Tor weiter geradeaus gehen sollte.

Eine mögliche Begründung ist bereits zu hören: Wasser!

Die Brücke ist zu allen Seiten – mehr oder weniger – offen. Der Geruch kann sich nur schwer an einer Stelle sammeln oder bleiben.

Der Blick nach unten zeigt nicht nur die Fließrichtung, sondern auch die Fließgeschwindigkeit.

So erklärt sich, weshalb der Weg durch das Tor gewählt werden könnte.

Der Geruch fällt nach unten, wird mitgezogen und bleibt in ruhigen Abschnitten hängen.

Temperatureffekte und Eingangsbereiche

Diese Effekte kennt jeder Hundeführer, der regelmäßig in der kalten Jahreszeit in Städten sucht: Der Hund läuft sicher auf der Spur, die elektrische Tür eines Gebäudes öffnet sich automatisch.

Passagen mit automatischen Türen stellen gerade in der kälteren Jahreszeit eine Herausforderung dar.

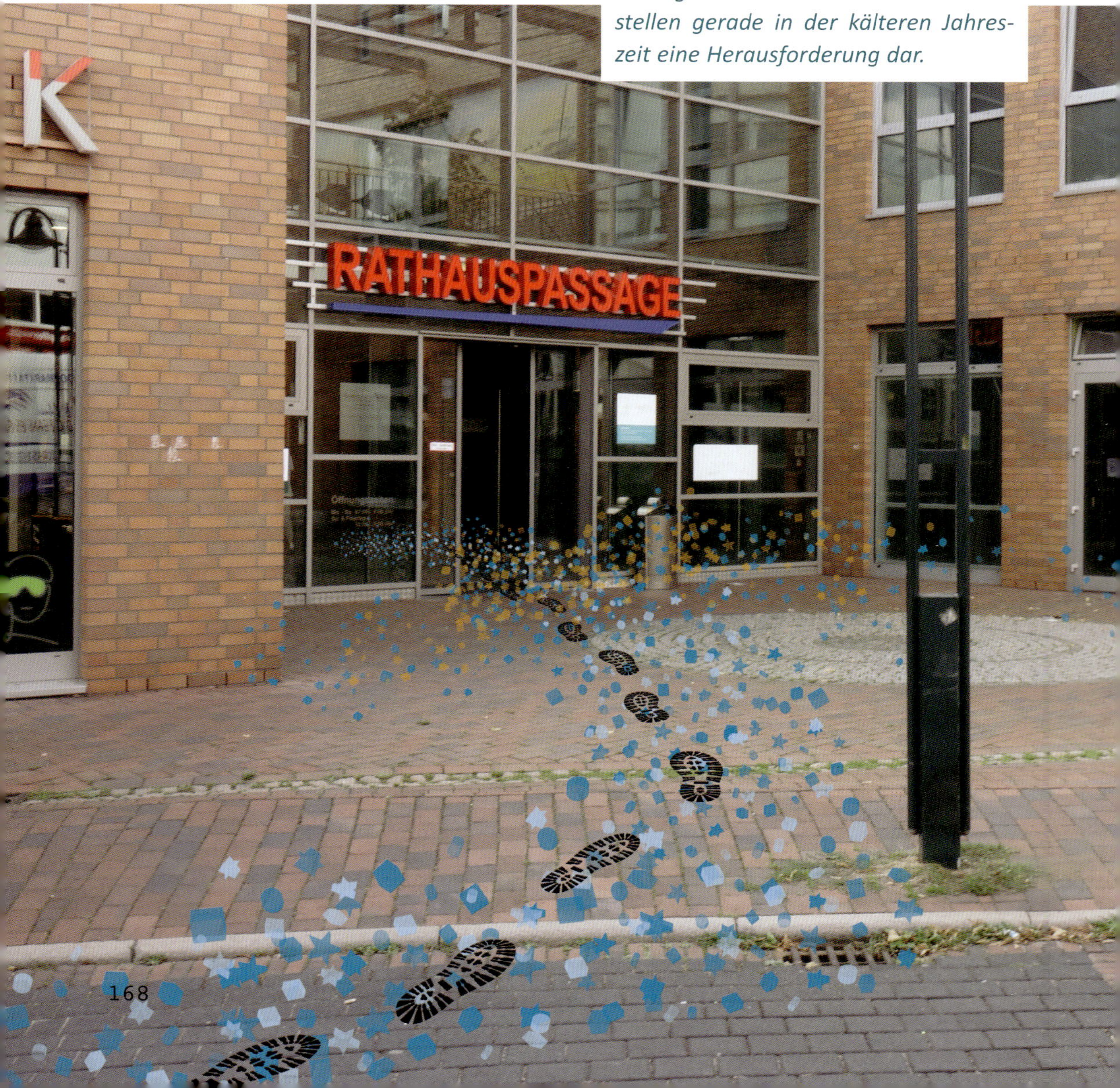

In diesem Moment zieht die wärmere Luft nach draußen und verdrängt die kühlere Luft im Außenbereich. Trotzdem läuft der Hund in das Gebäude – meist nur wenige Meter – dreht raus und setzt seine Suche fort. Mehr als diese Meter sollte der Hund dann auch nicht benötigen, um die Situation zu checken. Die Geruchspartikel verwirbeln und sind für einen Moment nicht mehr klar zu erkennen. Sollte die vermisste Person tatsächlich in das Gebäude gegangen sein, wird der Hund herauskommen, der Spur etwas in die Ursprungsrichtung folgen, dann meist deutliche Abbruchsignale zeigen, drehen und wieder in das Gebäude gehen wollen. Neben der abrupten Änderung der Verhältnisse macht auch das Geräusch der sich öffnenden Tür manchmal einen irritierenden Eindruck auf den Hund.

Der Effekt, dass gerade in der kalten Jahreszeit die wärmere Luft nach oben steigt, wird noch dadurch verstärkt, dass die Lüftungsanlage die Luft ansaugt, verwirbelt und verteilt. Hunde sind trotzdem sehr wohl in der Lage, der Witterung durch das Gebäude zu folgen. Ansonsten bleibt immer noch die Möglichkeit, bei „Spur verloren" den Hund an den Ausgängen der Passage erneut anzusetzen und zum Weitersuchen aufzufordern.

Überbrückungssuche

Diese Situation ist eine eher unangenehme Situation, weil sie häufig schwer zu erkennen und zu entscheiden ist.

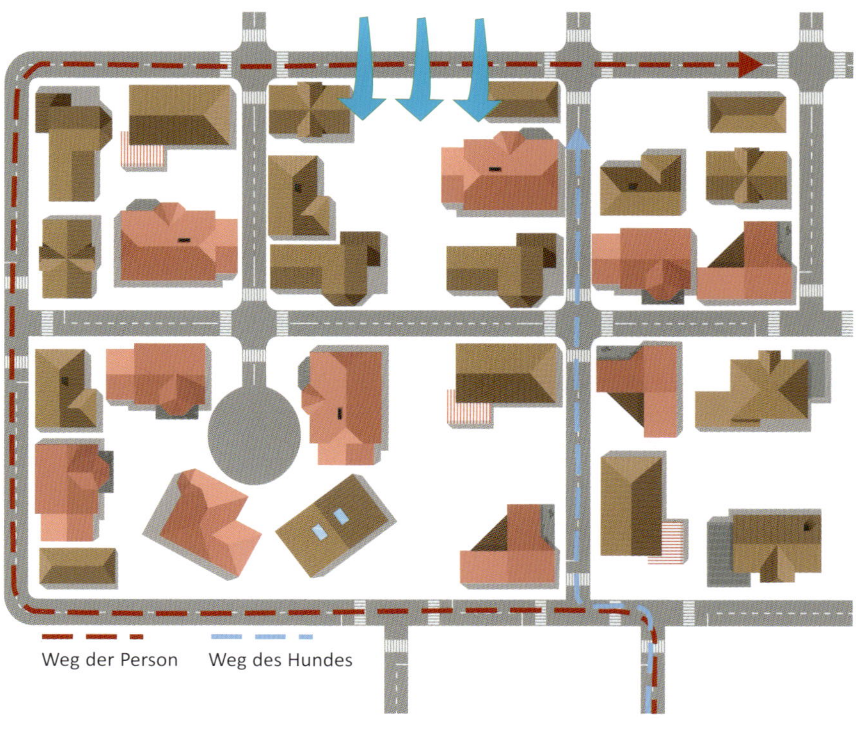

Das Team folgt hier der vermissten Person auf der tatsächlich gelaufenen Spur, um dann über die Hochwindsuche den Weg direkt zu nehmen, dabei abzukürzen und wieder auf die tatsächlich gelaufene Spur zu kommen.

Nur selten ist der Weg der vermissten Person genau zu rekonstruieren. Der Hund sollte aber eine Änderung im Suchverhalten deutlich anzeigen. Wenn der Hund gerade die Spur überbrückt hat, hat er keinen Fehler gemacht. Er hat den frischesten Geruch genommen und ist diesem gefolgt. Der Vorteil liegt klar auf der Hand: der Hund hat sich (und dem Hundeführer) Wegstrecke und enorm Ressourcen gespart.

Es gibt aber auch Nachteile: Wenn diese Überbrückungssuche häufig trainiert, im Training zugelassen oder im Einsatz praktiziert wird, lernt der Hund, dass er über den Hochwind zum Erfolg kommt. Der Hund wird dann eher bei einem Spurabbruch versuchen, sich in die Witterung zu suchen und so zum Erfolg zu kommen. Das ist weniger das Verfolgen einer Spur, sondern hier wird ein Stöberhund herangezogen. Der meist sehr kurze Wechsel des Hundes von bodennaher Suche auf Hochwind ist häufig schwer zu erkennen und noch schwerer zu deuten. Es stellt sich auch die Frage: Was passiert, wenn der Wind von vorn nicht gleichmäßig und stabil bleibt, sondern nur eine kurze Böe war? Der Hund zeigt alle Zeichen von „Spur verloren“. Der Hundeführer bricht die Suche ab, die vermisste Person wird nicht gefunden. Oder der Hundeführer fordert einen Überprüfungshund an, der wird auf der Mitte der Überbrückung gestartet und zeigt richtig einen klaren Negativ-Ansatz an. Die Suche wird ohne Fund abgebrochen. Ein erfahrener Hundeführer würde jetzt den Hund kurz mindestens bis zur nächsten Abzweigung führen und ihn dort weitersuchen lassen oder er würde ihn eine Abzweigung zurückführen und ihn dort erneut suchen lassen. Wahrscheinlich würde der Hund dort die Anschlussspur finden, im Fall der Rückführung allerdings mit dem Nachteil der längeren Strecke.

Verblasen und Verlagerung des Geruchskanals

Das Verblasen und damit die Verlagerung des Geruchsfeldes ist ein typisches Phänomen auf großen Plätzen und Kreuzungen, freien Flächen mit stärkerem Wind, bei unterbrochener Randbebauung und Seitenwind und natürlich bei älteren Spuren. Der Geruchskanal verlagert sich wie ein sehr leichter, luftgefüllter Schlauch oder Ballon durch den Wind. Auch wenn die vermisste Person geradeaus gelaufen ist, wird die Geruchsspur in Teilen geradeaus, in Teilen an Hindernissen entlang oder im Bogen verlaufen. In Teilen bricht der Geruch auch ab, weil der Wind den Geruchskanal vorübergehend zerrissen und die Partikel verwirbelt hat. Ein erfahrener Hund wird sich vermutlich von selber so orientieren, dass Hindernisse gesucht und sich an diesen entlang orientiert wird.

Geruchswolke und Geruchsquelle

Wenn eine vermisste Person schon länger immobil war, dann kann sich für den Hund ein Konflikt ergeben: Die Spur ist womöglich älter als der Geruch – und der Geruchsvorhalt.

Startpunkt war die Straße vor dem Ausgang des Pflegeheimes. Hier war unsere vermisste Person zuletzt gesehen worden. Diese Richtung hatte auch ein erster Personenspürhund vorgegeben. Emma war zielstrebig in Richtung des Wohnhauses unserer vermissten Dame losmarschiert, welches nur wenige hundert Meter von ihrem neuen Domizil entfernt war. Hier ging es aber weiter in den Ort hinein. An einer Tankstelle kam der erste Abbieger nach rechts, an einem Schuhgeschäft der zweite und dann wurde die Straße zu einem Wanderweg. Aus dem Wanderweg wurde ein Trampelpfad, der sich an einem Knick entlangschlängelte. Mittlerweile hatten wir in einem Bogen den äußeren Bereich abgegrenzt und Emma wurde immer schwammiger in ihrem Verhalten. Da wurde beschlossen, hier aufzuhören. Es waren auch keine neueren Fußspuren zu erkennen. Die Richtung unserer Suche wurde einem neu eingetroffenen Polizeibeamten mit den Worten: „Überfall, häusliche Gewalt und dann Richtung Drogendealer“ übersetzt.
Der zweite Hund wurde dann direkt im Gebäude angesetzt – und suchte nicht Richtung Hauptausgang, sondern folgte dem Flur in die entgegengesetzte Richtung zu einem Nebeneingang. Der natürlich IMMER verschlossen ist und lediglich als Fluchtweg dient. Hier ging es dann sofort nach links, bis uns schon gleich nach der Zufahrt eine Schonung mit Weihnachtsbäumen den Weg versperrte. Und wir in diesem Moment auch schon die Anzeige eines Flächenhundes hörten!

Hier entsteht die Problematik, dass aufgrund des Ansatzes zunächst einer älteren Spur gefolgt wurde. Der Hund hat frischere Witterung aufnehmen, die Quelle aber nicht genau lokalisieren können. Der Ansatz direkt im Zimmer hätte durch die Geruchswolke zur Geruchsquelle geführt. Hier zeigt sich auch wieder die unterschiedliche Arbeitsweise von Personenspür- und Flächenhund. Wobei der letzte Teil einer Spur häufig zu einer Art kleiner Flächensuche wird.

Rausche

Ich hatte zwar noch nicht viel Erfahrung – aber, dass es wenig zielführend ist, wenn ein Hund nach dem anderen in ein relativ kleines Gebiet geht und dort keinen Ausgang findet, wurde mir schnell klar. Abgängig war aus einer ländlich gelegenen psychiatrischen Klinik ein junger Mann mit Suizidankündigung.
Vor Emma und mir hatten vier Personenspürhunde vom Klinikgelände herunter an einer Bundesstraße entlang bis in eine aufgegebene Kieskuhle hinein die Spur verfolgt. Hier kamen die Hunde zwar in das Gelände hinein, aber nicht mehr heraus. Flächenhunde hatten das Gelände ebenfalls komplett durchsucht. Es war bekannt, dass sich unsere vermisste Person sich hier häufig aufhielt. Aber wenn sie nicht zu finden war, dann musste sie ja irgendwo anders sein und das Gelände wieder verlassen haben. Bisher hatte aber keiner der Hunde den Ausgang gefunden.
Die Hunde suchten sich den Rand der ehemaligen Kieskuhle hoch, kehrten auf halber Höhe aber immer wieder um. Ein Hund wurde ein Stück weiter die Straße hoch angesetzt, zeigte aber kein deutliches Suchverhalten.
Zu diesem Zeitpunkt kamen wir ins Spiel. Wir waren davon ausgegangen, dass unsere vermisste Person sich zwar in dem Gelände aufgehalten, es in der Zwischenzeit aber auch wieder verlassen hatte. Es war also klar, dass ich Emma am Rande der Kuhle ansetzte. Ansonsten wäre sie wohl auch hinein, aber nicht mehr herausgekommen. So aber driftete sie nur ein Stück auf die Kuhkoppel ab und kam dann auf die Bundesstraße. Hier ging es weiter entlang in Richtung Klinik. Zu meiner Überraschung querte sie die Straße an einem ausgeschilderten Übergang. Weiter

ging es den Fußweg entlang – bis sie plötzlich und für mich komplett unerwartet vor einem Bahnübergang in einem rechten Winkel die Fahrbahn überquerte.
Was ich nicht gesehen hatte, war ein kleiner Trampelpfad, der sich parallel an den Gleisen entlangschlängelte und zu der Bahnhaltestelle führte, die sich etwas außerhalb befand. Nachdem die Richtung bekannt war, nahmen wir Emma hier aus der Suche.
Ein anderer Personenspürhund hatte schon vor unserer Ankunft eine Spur in eine andere Richtung verfolgt. Hier setzten wir Emma zur Überprüfung an. Die Flächenhunde waren schon parallel in diesem Gebiet eingesetzt worden. Nachdem Emma hier keine Spur aufnehmen konnte und alle Anzeichen eines Negativs zeigte, erklärten wir für uns die Suche als beendet. Auch die Flächenhunde kamen hier nicht zum Erfolg.
Wie sich später herausstellte, war unsere vermisste Person tatsächlich mit dem Zug gefahren und wurde an ihrer Wohnanschrift von der Polizei angetroffen. «

Das Phänomen der „Rausche", wie man es von Gewässern kennt, begegnet einem besonders häufig in ehemaligen oder aktuell noch bewirtschafteten Kies- und Sandkuhlen. Der Geruch der vermissten Person steigt erwärmt durch die Sonneneinstrahlung vom Boden der Kuhle am Rand entlang nach oben und trifft dort auf den Wind, der über die Grube hinwegstreicht. An der Abbruchkante geht die Strömung in eine Rolle nach unten über, die den Geruch wieder nach unten drückt und trägt. Was machen unerfahrene Hunde? Sie folgen dem Geruch vom Ansatzort den Anstieg der Kuhle hinauf, laufen schräg wieder den Hang hinunter, laufen wieder schräg den Hang herauf, wieder und immer wieder. Und der Hundeführer folgt und verzweifelt, weil der Hund keinen Abgang findet. Hier hilft es, das Hindernis bzw. die Art des Hindernisses zu erkennen, zu überbrücken und die Suche fortzusetzen.

Ein ähnliches Problem findet sich an Steilküsten – je nachdem, aus welcher Richtung der Wind kommt.

Auf dem Foto sind Hinweise auf die Windrichtung zu erkennen: Die Richtung, in die sich die Zweige biegen und die Kräuselung der Wellen. In diesem Fall herrscht ablandiger Wind vor.

Skizze rechts oben: Wenn die vermisste Person oben auf dem Schotterweg gelaufen ist, wird der Wind die Geruchspartikel mitnehmen, sie über die Kante verwehen und als Bruchteil unten angekommen lassen. Was bedeutet dies für die Suche? Der Hund wird aufgrund der fehlenden deutlichen Witterung eine eher schwammige Suche zeigen und sich tendenziell nach links ausrichten. Eine Suche unten am Strand wird auch nicht sehr viel mehr Ergebnisse zeigen – die Person ist hier nicht entlanggelaufen und von oben kommt nur wenig Geruch nach unten an.

Skizze rechts unten: Herrscht auflandiger Wind vor, dann kann auch hier das Phänomen der Rausche auftreten: Der Geruch wird nach oben getragen und dort verwirbelt. Die Suche unten kann dann wenig kraftvoll wirken.

Ablandiger Wind

Auflandiger Wind

Taleinschnitt und Überblasen des Windes

Ähnlich wie bei der Rausche verhält es sich mit einem Einschnitt im Gelände und dem Überblasen des Windes. Wenn die vermisste Person nicht mehr dem Weg in der Sohle folgt, sondern einen Anstieg gewählt hat, kann es vorkommen, dass der Geruch sich oben in den Bäumen am Weg in der Sohle fängt. Da der Geruch aber in der Höhe deutlicher wird, kann es sein, dass der Hund in der Sohle vermehrt das Verhalten einer Hochanzeige zeigt.

Nur selten folgt der Geruch genau der Person – häufig findet er sich an anderen und manchmal unerwarteten Stellen.

14. Strategie und Taktik auf der Spur

Plan B, C und D

Allgemein gesehen bezieht sich „Strategie" auf einen längeren Zeitraum und die „Taktik" umfasst nur die kurzfristige Planung. Die Strategie ist in diesem Sinne „Das große Ganze" – der Master-Plan für Ausbildung und Einsatz mit den Fragen: „Wo will ich hin und wo stehe ich aktuell?" Taktik sind die einzelnen Teilschritte, die zum strategischen Ziel führen. Mehrere dieser Bausteine bilden dann die Strategie. Auch wenn es natürlich heißen sollte: „Ich liebe es, wenn ein Plan funktioniert"[68], so wird, anders als im virtuellen Leben, ein vorher gemachter Plan relativ schnell geändert werden müssen, weil immer irgendetwas nicht wie geplant funktioniert. Da kommen dann ganz rasant die Pläne B, C, D und weitere ins Spiel – denn bei jeder Entscheidung, die getroffen wird, muss klar sein, dass sie mit einem hohen Grad von Unsicherheit gefällt werden muss. Selbst wenn es während der Suche nicht unbedingt auffällt – und schon Clausewitz meint, dass Feldzüge nur zu einem sehr geringen Grade geplant werden könnten, da unkalkulierbare Einflüsse oder Ereignisse, sogenannte „Friktionen", jede zu detaillierte Vorausplanung schon nach wenigen Tagen gegenstandslos machen würden. Militärische Führer müssen nach Clausewitz befähigt sein, Entscheidungen unter Zeitdruck mit unvollständigen Informationen zu treffen, da seiner Ansicht nach „drei Viertel derjenigen Dinge, worauf das Handeln im Kriege gebaut wird", durch einen „Nebel des Krieges" verhüllt oder verfälscht werden.[69]

In Risikosituationen sind mögliche Ereignisse und Wahrscheinlichkeiten bekannt. Hier kann mit Logik und der Kenntnis der Eintrittswahrscheinlichkeit eine gute Entscheidung getroffen werden. Bei Unsicherheit werden oftmals bessere, schnellere und transparente Entscheidungen getroffen, die aus heuristischen Verfahren

68 Hannibal Smith ist eine Figur aus der Fernsehserie "The A-Team"

69 von Clausewitz, a.a.O., S. 23

stammen. So werden Teile von Informationen ignoriert oder es wird nur eine Variable bewertet.

Als Hundeführer muss es klar sein, dass die gelaufenen Spuren nur selten bestätigt werden. Sei es durch einen auf der Spur gefundenen Gegenstand, den die vermisste Person verloren hat; sei es durch eine eindeutige Zeugenaussage, eine Videoaufzeichnung oder durch den Erfolg. Die „Unsicherheit“ kann durch Erfahrung und durch damit gemachte Referenzerfahrungen abgebaut werden.

Als einfache und taktische Vorgehensweisen, wenn es mal nicht weitergeht, wären zu nennen:

1. Gehe als erstes nach vorne, dann zurück
2. Mache den Kreis kleiner oder größer
3. Kreuzung erst in alle Seiten, dann über Weg oder Kreuzung im / gegen den Uhrzeigersinn bearbeiten
4. Wenn der Hunde an einer Abzweigung in eine Richtung geht und abbricht, dann mal in der genau entgegengesetzten Richtung weitermachen (Wendehals).

Jede Entscheidung, die eine Richtung festlegt, bedeutet auch: andere Richtungen werden ausgeschlossen. Eine einzige „falsche“ Entscheidung ist kaum korrigierbar und kann fatale Folgen für die vermisste Person haben. Die Verantwortung für die Suche liegt alleine beim Hundeführer – nicht beim Hund, beim Einsatzleiter oder irgendwelchen anderen Personen oder Umständen.

Führungswechsel

Auch wenn es in der heutigen Zeit geradezu verpönt ist, von einem Hundeführer zu sprechen – auch und gerade vor dem Hintergrund der Beeinflussung – so gibt es doch Situationen, in denen das andere Ende der Leine gefordert ist.

Das sind Situationen auf der Suche, in denen die Sicherheit Vorrang hat, in denen der Hund unsicher ist oder schlichtweg keine Lösung hat und der Hundeführer ihm aufgrund seiner Erfahrung eine anbieten kann. In diesen Situationen muss der Hundeführer den Hund unterstützen, indem er Lösungen anbietet und/oder vorübergehend die Führung übernimmt

Dabei wechselt der Hundeführer die Rolle und „leitet den Hund“, um ihm die Lösung des Problems zu ermöglichen oder zu erleichtern. So wird der Erfolg begünstigt, und sofort nachdem der Hund sich wieder sicher ist, wird die Führung wieder abgegeben.

Dies setzt voraus, dass der Hundeführer diese Situationen (im Training) kennenlernt, sie (in Training und Einsatz) erkennt und weiß, wann und wie er in der Situation angemessen handeln muss. Und dies auch tut. Der Hundeführer muss sich auch deutlich bewusst sein, dass genau das sonst zumeist kontraproduktive Drücken hier stattfindet. Und das fordert auch einen Hund, der sich gegebenenfalls gegen den Führer durchzusetzen hat.

Dem Hund wird durch ein Kommando das Signal für den Führungswechsel gegeben. Dann wird er mit der Hand am Halsband durch die Situation geführt oder aber vom Geschirr an die Halsung genommen.

Nicht immer wird im übersichtlichen Gelände oder bei idealen Bedingungen gesucht und auch das Leinenhandling ist nicht immer ohne Fehler. Grundsätzlich sollte die Leine in der Hand gehalten werden, da sonst die Verbindung verloren geht.

- Wenn sich der Hund um einen Laternenpfahl oder einen Pfosten wickelt, kann die Leine auch fallengelassen und wieder aufgenommen werden. Oder der Hundeführer umgeht das Hindernis auf der anderen Seite und greift die Leine mit der anderen Hand auf.
- An steileren Hängen oder rutschigen Stellen wie vereisten Treppen kann auch der Helfer unterstützen. Der Hund wird angehalten, der Helfer geht vor. Der Hund wird nach vorne geschickt und vom Helfer in Empfang genommen. Wenn der Hundeführer sicher unten angekommen ist, kann das Team wieder in die Suche gehen.

Dreh- und Angelpunkte

Immer wieder zeigen die Hunde auf der Spur ein recht eindeutiges Verhalten: es geht geradeaus eine Straße entlang und wieder und wieder geht der Kopf in dieselbe Richtung. Vor dem Hintergrund, dass der Hund dem Geruch und nicht der Spur folgt, kann daraus geschlossen werden: die Person ist hier entlanggegangen, und wenn die Umgebung bestimmte Merkmale zeigt, dann reagiert der Hund darauf, weil der Geruch sich entfernt und/oder ausgebreitet hat. Besonders typisch sind hier Lücken zu nennen. Das können Unterbrechungen bei Hecken, aber auch Lücken in der Bebauung sein. Diese Lücken können von entscheidender Bedeutung sein: der Geruch ist nicht mehr „gefangen" – der Geruchskanal findet hier ein Ende.

Der Geruch geht durch die Lücke im Bewuchs auf die freie Fläche

Auf diese Punkte ist zu achten: sie zeigen uns die Stellen an, an denen eine Entscheidung gefallen ist oder fallen sollte.

Wenn die Spur nicht weiter am Haus entlang geht, sollte spätestens am Ende der Häuserzeile das Signal zum Abbrechen oder Drehen erfolgen.

Tanze Walzer!

Es gibt Momente, in denen ein Hund, der bisher sicher im Geruchskanal unterwegs war, anfängt, eher undeutlich zu werden. Wenn der Hund also noch Geruch hat, aber keine klare Richtung mehr angeben kann – dann sollten Hund und Hundeführer anfangen, Walzer zu tanzen.

Die natürliche Verhaltensweise eines frei jagenden Hundes in dieser Situation wäre es, einen Kreis zu laufen – meist erst mal in die Richtung, in die der Wind weht. Genau dieses Verhalten unterstützt der Hundeführer oder er initiiert es sogar durch seine Körpersprache. Geht der Hund in den Kreis und sucht den Geruchskanal, lässt der Hundeführer zunächst die Leine laufen, bleibt selbst aber stehen und dreht sich in kleinen Walzerschritten auf der Stelle im Kreis des Hundes mit.

Wenn der Hund beim ersten Kreis keine Anschlussspur gefunden hat, geht der Hundeführer einige Leinenlängen nach vorn und wiederholt den Kreis. Zeigt der Hund durch Abbrechen des Kreises und Eintauchen in das Geruchsfeld, durch erhöhtes Tempo und verstärkten Zug in eine bestimmte Richtung, dass er das Geruchsband wiedergefunden hat, folgt das Team dem Geruchskanal.

Das Kreuz mit der Kreuzung

Kreuzungen werden auf der Spur – insbesondere im städtischen Bereich – immer wieder vorkommen. Angefangen bei kleinen unbelebten T-Kreuzungen mit zwei

Selbst einfach wirkende Entscheidungen sind komplexen Einflüssen ausgesetzt. Hier geht der Geruch mit dem Wind und dem abfallendem Gelände nach unten, um auf dem sonnenbeschienenen Asphalt nach oben zu steigen.

möglichen Abgängen bis hin zu sehr großen und belebten Kreuzungen mit diversen möglichen Abgängen, Verkehrsinseln und Ampeln.

Das Bereichsmodell

Grundsätzlich gliedert sich die Arbeit an der Kreuzung in vier Bereiche:

1. den Eingangsbereich oder Annäherungsbereich der Kreuzung
2. dem unmittelbaren Eintrittsbereich der Kreuzung
3. dem offenen Innenbereich der Kreuzung und
4. den möglichen Ausgangsbereichen der Kreuzung.

Um sich Klarheit und Übersicht zu verschaffen, kann eine komplexe Situation wie die hier vorliegende Kreuzung in kleinere Einheiten zerlegt werden.

Leinenhandling im Kreuzungsbereich
Bereichsmodell

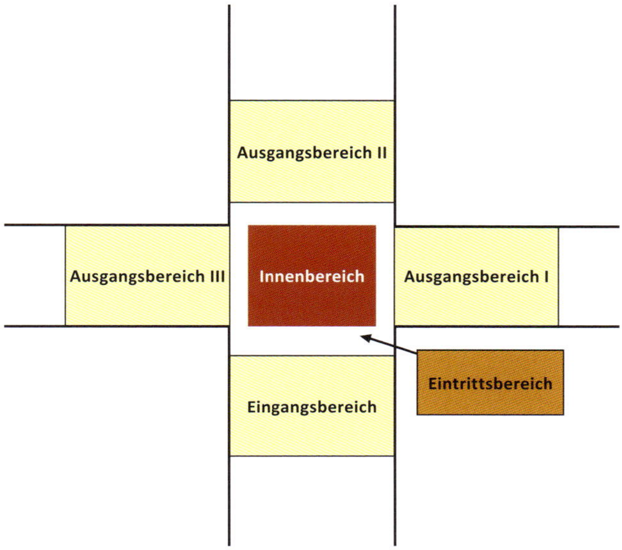

Der Eintritt in eine Kreuzung erfolgt über den Eingangsbereich. Dann wird der Eintrittsbereich durchschritten, um in den Innenbereich zu gelangen und durch den Ausgangsbereich wird die Kreuzung verlassen.

Das Phasenmodell

Ausgerichtet am Bereichsmodell der Kreuzung existiert natürlich auch ein Phasenmodell. Das Phasenmodell gibt Orientierung über das Verhalten in den verschiedenen Bereichen der Kreuzung. Dies beinhaltet zum einen die verschiedenen Strategien und Taktiken der Ausarbeitung und zum anderen das Leinenhandling und weitere Verhaltensweisen in den verschiedenen Bereichen der Kreuzung.

Die Vorgehensweise im Eingangsbereich

Vermisste Personen tendieren dazu, schon vor einer Kreuzung oder Abbiegung unbewusst oder bewusst die Seite zu bevorzugen, in die sie nachher abbiegen (wollen). Der Hund zeigt das an,

- indem er schon im Annäherungsbereich vorwiegend in Einfahrten rechts oder links sondiert,
- indem er vor der Kreuzung latent links – oder rechtsseitig sucht und
- indem er verstärkt, latent und wiederholt Bewegung des Kopfes oder Drehungen des Vorderkörpers nach rechts oder links zeigt.

Für den Hundeführer bedeutet das, diese Signale zu beobachten und zu speichern. Gegebenenfalls nimmt er einen Seitenwechsel vor, weil der Hund die ideale Geruchslinie anzeigt. Generell sollte der Hundeführer aber in seiner Körperhaltung möglichst neutral bleiben, um keine Suchrichtung vorzugeben. Bereits im Annäherungsbereich, spätestens im Eingangsbereich sollte der Hundeführer die Leine gleichmäßig verkürzen und das Tempo drosseln.

Die Vorgehensweise im Eintrittsbereich

Das Team kommt durch den Eingangsbereich in den Eintrittsbereich der Kreuzung und schließlich an die erste Ecke.

Insbesondere sollte auf die ersten Kopfbewegungen des Hundes beim Eintritt in die Kreuzung und auf Änderungen der Körperachse geachtet werden. Diese ersten Signale kommen meist direkt vom Stammhirn, sind also mehr instinktive und unbewusste Reaktionen und können wichtige Hinweise über die weitere Richtung des Trails sein, sollten also vom Hundeführer gespeichert werden, ohne allerdings vorschnell durch Drängen oder Schieben darauf zu reagieren.

Danach ist wichtig, dem Hund angesichts der neuen veränderten Suchsituation Zeit und Raum zum Sondieren der Lage zu geben. Dazu gibt der Hundeführer langsam und gleichmäßig Leine nach.

Die Vorgehensweise im Innenbereich

Der Hund kommt jetzt in den Innenbereich der Kreuzung, der Verkehrsbewegungen und Wind voll ausgesetzt ist. Gleichzeitig gibt es mehrere mögliche Richtungen und verschiedene Abgänge. Und es müssen Entscheidungen über situativ angemessene und zielführende Strategien und Taktiken getroffen werden. Also: Eine komplexe Situation!

Hier gilt für den Hundeführer zuerst, sich einen Überblick zu verschaffen! Weshalb manche Hundeführer meinen, Pausen zu machen oder langsamer zu werden, wäre unproduktiv und unangebracht, ist nicht immer nachvollziehbar. Die Erfahrung zeigt:

- Planloses, orientierungsloses und unsortiertes Voranstürmen des Suchhundes ist kein Wert an sich!
- Tumbes, gedankenloses und hirnloses Hinterherstürmen des Hundeführers ist kein zielführendes Suchverhalten im Realeinsatz!

Also: Bei komplexen, anspruchsvollen Kreuzungen erst mal einen Stopp einlegen. Die Vorteile von solchen aktiven Pausen sind:

- der Hund bekommt die Gelegenheit, sich vorübergehend mental und körperlich zu erholen,
- der Hundeführer hat die Möglichkeit, mit seinem Helfer über das bisherige und das weitere Vorgehen zu kommunizieren,
- der Hundeführer kann die Situation und die Lage in Ruhe erkunden,
- der Hundeführer nimmt sich die Zeit, konzentriert und Stress reduzierend die Suchsituation zu sondieren, zu analysieren und die situativ beste Einsatzstrategie und Einsatztaktik auszuwählen.

Ein wichtiger Hinweis: Der Hund arbeitet auch während der Pause weiter. Deshalb ist es wichtig, die Aufmerksamkeit während der Pause auch beim Hund zu haben und eventuelle Signale und Hinweise zu erkennen. Auch nach einem kurzen Stopp arbeitet der Hund im Regelfall konzentriert und zielgerichtet weiter.

Prinzipiell gibt es im Innenbereich **vier mögliche Situationen**:

→ *Situation I*

Der Hund geht in den Innenbereich der Kreuzung, orientiert sich kurz mittels Kopfbewegungen und bewegt sich mit zunehmendem Leinenzug in eine Richtung.
Hier hat der Hundeführer wenig zu tun. Er dreht sich mit, gibt deutlich Leine nach und geht dem Hund zügig nach. Dies gilt insbesondere, wenn der Hund schon in den vorherigen Phasen eine Bevorzugung dieser Richtung angezeigt hat.

→ *Situation II*

Der Hund tritt in die Kreuzung ein, markiert durch einen längeren Blick und Kopfbewegung eine Richtung, geht vielleicht sogar einige Meter hinein, dreht und zieht danach einen gleichmäßigen Kreis um die gesamte Kreuzung – was bei großen Kreuzungen eher seltener der Fall ist – ohne in einen Abzweig hinein zu gehen. Die Körperachse bleibt im Kreis, lediglich die Kopfbewegungen zeigen, dass die Abzweigungen und Richtungen mit der Nase gescannt werden.
Hier zeigt der Hund durch die „erste Anzeige" an, dass er meint, es geht in eine bestimmte Richtung. Er zeigt zweitens, dass er Geruch hat, aber sich der Richtung der weiteren Spur noch nicht ganz sicher ist. Also überprüft er, um sich zu orientieren und zu sondieren.
Der Hundeführer bleibt stehen, lässt die Leine auslaufen, dreht sich im selben Tempo und in kleinen Schritten dem Hund hinterher, bis dieser sich für eine Richtung entscheidet, aus dem Kreis ausbricht und kräftiger in eine bestimmte Richtung zieht (Walzer-Methode).
Hat der Hund den Geruchskanal gefunden, verkürzt der Hundeführer die Leine und folgt dem Hund.

→ *Situation III*

Das Team tritt in den Innenbereich der Kreuzung ein. Der Hund markiert sogar mit Kopfbewegung eine Richtung, kreist um die Kreuzung, geht in einen Abgang, zeigt zunehmend deutlichere Abbruchsignale, dreht wieder aus dem Abgang heraus in den Innenbereich, kreist erneut, ändert die Richtung und erhöht den Leinenzug und das Tempo.

Der Hund hat aufgrund von Wind und Topographie eine falsche Entscheidung getroffen und korrigiert sich selbst, trifft eine neue Richtungsentscheidung und folgt dieser veränderten Richtung. Großartig! Das Verhalten zeigt, dass der Hund sein Ziel kennt, nicht aus den Augen verloren hat und zielstrebig verfolgt.
Der Hundeführer lässt die Leine auslaufen und gibt dem Hund die Gelegenheit, die Abzweigung zu erkunden, gegebenenfalls geht er ihm schrittweise hinterher, ohne zu drängen oder zu schieben. Der Hundeführer achtet konzentriert auf Abbruchsignale des Hundes, überprüft eventuell mittels Daumenbremse. Dreht der Hund, stellt der Hundeführer sich seitlich, ohne den Hund zu blockieren und holt langsam Suchleine ein. Der Hundeführer lässt den Hund vorbei suchen und geht ihm flüssig, nicht zögerlich, in kleinen Schritten hinterher, bis dieser sich für eine neue Richtung entscheidet und Zug aufnimmt, fängt ihn eventuell leicht und sanft statt ruckartig mit der Leine ab und gibt dann gleichmäßig Leine nach.

→ *Situation IV*

Das Team tritt in die Kreuzung ein, der Hund zeigt keine deutlichen Kopfbewegungen, kreist durch die Kreuzung, findet keinen Abgang oder zeigt an allen Abgängen mehr oder wenig deutliche Abbruchsignale. Der Hund zeigt, dass er Geruch hat, aber keine deutliche Abgangsrichtung findet.
Der Hundeführer wendet in dieser Situation die „Kontrolliere die Ausgänge“ – Strategie an: Der Hund wird ein Stück in den Ausgangsbereich geführt und aufgefordert, weiter zu suchen. Dies setzt natürlich voraus, dass der Hund sicher und deutlich auch Abbrüche anzeigt und sich der Einflussnahme des Hundeführers auch widersetzt. Die erfahrenen Hunde zeigen dieses Verhalten automatisch und selbständig.

Die Vorgehensweise in den Ausgangsbereichen

Grundsätzlich gibt es zwei Möglichkeiten in den Ausgangsbereichen: Entweder der Hund ist falsch abgebogen oder der Hund ist richtig abgebogen.

Ist der Hund falsch abgebogen, wird der gut trainierte und zuverlässige Hund Abbruchsignale zeigen. In diesem Fall nimmt der Hundeführer das Tempo heraus, geht seitlich rückwärts, stellt sich quer statt frontal zum Hund und lädt den Hund **nach** den Abbruchsignalen durch körpersprachliche Signale zum Drehen ein.

Ist der Hund richtig abgebogen, wird er das Aufnehmen der Spur durch weitere positive Signale anzeigen.

Hier hält der Hundeführer die Leine auf leichtem Zug, um dem Hund das Signal zu geben, dass er verstanden hat, dass die Richtung für den Hund richtig ist und vermittelt ihm so Sicherheit, statt ihn durch eine durchhängende Leine zu verunsichern oder durch eine zu straffe, ruckartig geführte Leine sogar zum Umdrehen zu bewegen. Der Hundeführer gibt Leine nach, wenn der Hund den Kopf senkt, sich länger und flacher macht und den Zug verstärkt. Statt den Hund auszubremsen, geht er zügig hinterher, aber auch nicht schnell, um den Hund nicht zu drängen und zu schieben.

Mit zunehmender Erfahrung wächst auch die Erkenntnis, wie die individuelle Vorgehensweise des Hundes ist. Sucht er eher über das Ausschlussprinzip oder geht er den direkten Weg?

Beim Ausschlussprinzip zeigt die erste Kopfbewegung die Richtung an, trotzdem werden alle anderen möglichen Abzweigungen geprüft, um dann doch in die als erste gezeigte Richtung zu gehen.

Und was, wenn das alles nichts gebracht hat?

Wenn alle diese Strategien und Taktiken nicht zum Erfolg geführt haben, bleiben immer noch die Möglichkeiten

- zurückzugehen zum Punkt der letzten Sicherheit und dort erneut anzusetzen,
- ein mögliches „negatives Ende“ erneut zu überprüfen,
- einen anderen Hund anzusetzen, um das Ergebnis zu überprüfen oder
- die Gegenrichtung zu überprüfen, indem vorhergehende Abzweigungen wiederholt durch Hunde bearbeitet werden, die immer nur dem jeweils frischesten Geruch folgen.

Deswegen an dieser Stelle nur eine kurze Zusammenfassung der angewendeten Einsatzstrategien und -techniken im Realeinsatz:

Strategien:

- Blitz – Strategie (Innenbereich)
- Uhrzeigersinn – Strategie (Innenbereich)
- Kontrolle der Ausgänge – Strategie

Taktiken:

- Tanze Walzer!
- Folge dem Geruchskanal!
- Folge dem Wind!
- Folge der idealen Linie! Beachte die „erste Anzeige“!

Kreuzungen

Wie kann nun eine recht große und unübersichtliche Kreuzung in kleinere Abschnitte zerlegt werden, wenn die Spur nicht „in einem Rutsch“ verfolgt werden kann?

Eine nicht untypische Situation in einer größeren Stadt.

Wir sollten uns zunächst von allem optischen Ballast trennen und die Ausprägungen der Situation und die möglichen Wege betrachten.

So kann man sich auch eine größere Kreuzung deutlich machen. (X = Standort)

Neben den aktuell herrschenden und den vorherigen Wetterbedingungen sind auch die Verkehrsströme zu beachten. Wie viele Fahrzeuge bewegen sich mit welcher Geschwindigkeit in welche Richtung? Wie und wo verlaufen bestimmte „Hauptwege“? Gibt es einen Weg, den unsere vermisste Person mit einer höheren Wahrscheinlichkeit als einen anderen Weg gegangen ist?

Im Dunkeln wird das Ganze schnell noch unübersichtlicher.

Ey, mach' mal Platz!

Plätze sind letzten Endes auch nichts anderes als Kreuzungen. Selbst wenn sie größer sind, so herrschen hier ähnliche Bedingungen vor wie bei Kreuzungen. Daher wird analog wie im Abschnitt „Das Kreuz mit der Kreuzung" vorgegangen. Je nachdem, aus welcher Richtung der Platz betreten wird, zeigt sich eine komplett abweichende Situation, die auch eine unterschiedliche Taktik verlangen kann.

Aus unterschiedlichen Perspektiven ergeben sich komplett unterschiedliche Ansichten bei ein und demselben Bereich.

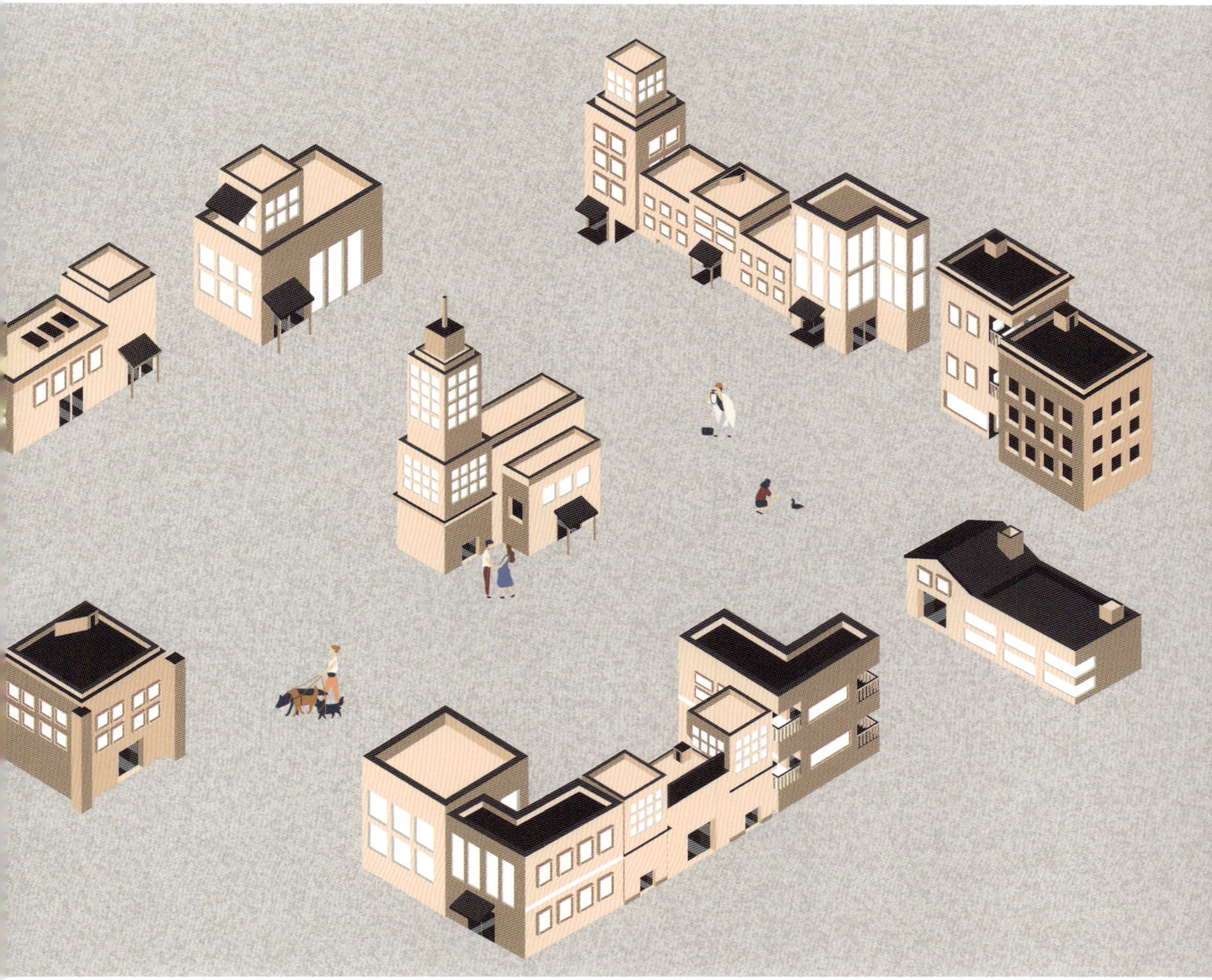

Und auch in lichten Wäldern gibt es „offene Plätze", die eine ähnliche Vorgehensweise erfordern.

Die berühmte Bushaltestelle

Gerade tagsüber oder im städtischen Bereich enden Suchen tatsächlich oft an Bus- oder Bahnhaltestellen. Je besser der öffentliche Personennahverkehr ausgebaut worden ist und je enger die Taktung ist, desto größer ist die Wahrscheinlichkeit, dass die vermisste Person mobil unterwegs ist. Ein sicheres Zeichen ist es, wenn die Hunde sich aus überdachten Wartehäuschen schlecht lösen, immer wieder zu einem bestimmten Sitz zurückkehren oder ein deutliches Negativ anzeigen.

Die berühmte Bushaltestelle – in größeren Städten gibt es sie auch in der Ausführung „Bahnhof".

Nicht immer muss die Suche hier enden. Wenn das Gleis oder die Haltestelle genau angezeigt worden ist, kann damit die weitere Suchrichtung mit einer relativ hohen Sicherheit bestimmt werden.

An jeder Haltestelle auszusteigen und einen möglichen Abgang zu suchen bedeutet einen relativ hohen Aufwand an Ressourcen. Für jeden Hund ist es anstrengend und auch frustrierend, häufig nacheinander negativ anzuzeigen. Daher empfiehlt es sich, Knotenpunkte oder Endhaltestellen anzusteuern. Die Wahrscheinlichkeit, dass gerade demente Personen sich dem Strom von Fahrgästen anschließen, ist relativ hoch. Außerdem ist an Umsteigepunkten viel Bewegung bei den Fahrgästen und hier kommt ein „Folgetrieb" ins Spiel.

Wenn die vermisste Person an der Endhaltestelle ausgestiegen ist, erinnert sich auch schon einmal ein Busfahrer an einen Fahrgast, der sich eher untypisch verhalten hat oder auf den die Personenbeschreibung passt.

Känguru-Sprung

Die zu suchenden Personen sind häufig mobil und bewegen sich nicht nur mit Fahrrad oder Auto, sondern auch mit öffentlichen Verkehrsmitteln und können so in relativ kurzer Zeit längere Strecken zurücklegen.

Es gibt immer wieder Situationen, die auch uns überraschen. Dieses Mal wurden wir wieder zu einer psychiatrischen Einrichtung gerufen. Unsere vermisste Person war aufgrund einer Drogenkarriere in der gesicherten Unterbringung und hatte es geschafft, die Einrichtung zu verlassen, indem ein fest verschlossenes Fenster, mit welchem Werkzeug auch immer, geöffnet wurde. Das Zimmer befand sich im Erdgeschoss und durch dieses Fenster entwischte die zu suchende Person. Einen Vorteil hatte es auf jeden Fall: unser Startpunkt war eindeutig definiert und befand sich genau an diesem Fenster auf einer Grünfläche und stellte von daher eine optimale Situation dar.
Während wir noch auf der Anfahrt waren, hatten die Flächenhunde bereits die Grünanlagen im näheren Umkreis abgesucht. Ohne Ergebnis. Damit war die Wahrscheinlichkeit hoch, dass die Person sich bereits vom Gelände entfernt hatte. Nicht zuletzt aufgrund des guten Startbereiches konnte Shania die Spur schnell aufnehmen. Sie kreiselte auf dem Platz vor dem Gebäude, checkte kurz den Raucherpavillon ab und entschied sich für einen Weg, der links um das Gebäude führte und bog von dort auf einen Schotterweg ab, der parallel zu einer größeren Straße in eine Grünanlage führte. Aber nicht, wie von mir doch irgendwie angenommen wurde, arbeitete sich Shania auf dem Weg weiter und bog nach einigen Metern quer nach links auf eine Rasenfläche ab, die rechts von einem Bürogebäude und links von einem kleinen Gehölz begrenzt war. Diese Suche war endlich einmal angenehm. Der Untergrund begünstigte die Suche ungemein. Hier gab es überhaupt kein Zögern für Shania, auch wenn ich etwas überrascht vom eingeschlagenen Weg war. Am Ende des Grünstreifens ging ihr Kopf nur sehr kurz nach links, dann richtete sie sich nach rechts aus und das Tempo zog auch an. Die Beamten hinter uns konnten sich ein Grinsen nicht ganz verkneifen. Und ich mir die Bemerkung: „Ja, hier geht's zur U-Bahn!“ auch nicht. Und tatsächlich kamen wir nach einer jetzt relativ kurzen Strecke am Bahnhof an. Shania ging nur wenige Schritte am Eingang vorbei und zog mich dann die Treppe hinunter. Auf der Hälfte des Bahnsteigs blieb sie stehen und drehte sich zu mir um. Damit war die Suche eigentlich beendet.
Aber eben nur eigentlich. Die Beamten gaben unsere Erkenntnis weiter und dann kam die Überlegung, ob und wie wir weitermachen. Die Frage, ob es denn wohl noch weitere Möglichkeiten gäbe, konnte ich bejahen. Hier gab es für mich nur eine Antwort: „Wir suchen die Bahnstrecke weiter in Richtung Innenstadt, halten an den Knotenpunkten und gucken, was passiert.“ Denn die Wahrscheinlichkeit, dass unsere vermisste Person sich für ein Um- oder Aussteigen an einer der größeren Stationen entscheiden würde, war schlicht und einfach höher als an kleineren Stationen. Also

kurz Bescheid gegeben, die Flächenhunde waren mittlerweile auch schon abgerückt. Denn anders als bei den Flächenhunden heißt es auch bei mir: „Mein Feld ist die Welt."[70]

Mit der U-Bahn zu fahren gehört nicht unbedingt zu Shanias Lieblingsbeschäftigungen. Und doch nahm sie gleich bei der ersten Station sofort nach dem Aussteigen die Suche wieder auf und zeigte nach links und rechts jeweils einen deutlichen Abbruch. Das bedeutete: ab in die nächste Bahn und weiter zur nächsten größeren Station. Genau wie an der nächsten Station auch wieder. Damit war nächster Halt der Hauptbahnhof. Hier zögerte sie kaum – trotz der extremen Situation von Lärm und Menschen und dauernd an- und abfahrender Züge. Sie entschied sich relativ schnell für einen Abgang und ging durch den Tunnel. Von mir ganz kurz geführt, denn ein Arbeiten an langer Leine oder womöglich eine Sperre der Katakomben ist in einer Millionenstadt am Sonnabendnachmittag nicht machbar. Jedenfalls wohl kaum für eine einzelne vermisste Person. Shania entschied sich für einen Ausgang, ich hatte mittlerweile irgendwie schon die Orientierung verloren. Doch schon am Ausgang wurde sie schwammig und war recht unentschlossen. Ich führte sie ein Stück an einem Gebäude entlang, aber so wirklich wollte sie nicht weiter. Also zurück in die Katakomben und weitergesucht. Und sie entschied sich für einen anderen Ausgang. Oben an diesem Ausgang mussten wir uns dann auch noch von einer Gruppe Passanten anpöbeln lassen. In dieser Form ist es mir zum Glück das erste Mal passiert. Und nein, mein Hund ist nicht ungezogen. Mit dem Hund an der Leine und knallbunte Klamotten tragend einen Polizisten hinter mir laufen zu lassen ist mein spezielles Vergnügen am Wochenende. Auch wenn ich mich schon aufregen wollte, so reagierte Shania so überhaupt nicht und der Polizist hinter mir regelte die Situation sehr schnell. Vom Ausgang aus ging es erst geradeaus eine Straße mit kleineren Läden entlang, dann kam aber sehr schnell der Abbruch und wir überquerten die Straße. Übrigens in Richtung des ersten Ausganges. Nur leider führte die Straßenüberquerung uns genau auf den zentralen Omnibusbahnhof zu. Hier pendelte sie immer wieder nach links und rechts, folgte aber immer einer Richtung. Wir waren in der Nähe einer bekannten Anlaufstelle für Drogenabhängige angekommen, aber Shania ging nicht direkt dorthin. Ich merkte jetzt, dass sie so ziemlich am Ende ihrer Konzentration und Energie angekommen war, zumal sich das Wetter auch noch verschlechterte und sich genau vor uns eine dunkelgraue Gewitterfront aufbaute. An dieser Stelle war dann für mich das Ende gekommen. Shania bekam ihre

70 *Albert Ballin (1857–918), Hamburger Reeder*

Belohnung und Streicheleinheiten von allen. Und auch die Wasserflasche war jetzt leer. Es folgte die herzliche Verabschiedung von dem uns begleitenden Beamten. Und unten auf dem Bahnsteig dann die Erkenntnis, dass ich nicht einen einzigen Cent, geschweige denn Euro, für eine Fahrkarte hatte!
Die vermisste Person wurde noch an diesem Nachmittag von einer Polizeistreife im Nachbarstadtteil aufgegriffen.

Nicht nur mit der Bahn, sondern auch mit dem Auto können Wegestrecken überbrückt werden, um Ressourcen zu sparen und die Suche zu beschleunigen.

Die Vorgehensweise mit der Bahn ist wie oben beschrieben. Mit dem Auto können Abzweigungen überprüft werden, indem zwischen Fahren und Suchen

Nicht jeder Meter muss gelaufen werden.

Was am Tag noch gut zu übersehen ist, wirkt in der Dämmerung schon anders.

gewechselt wird. Die geraden Strecken werden gefahren, an den Abzweigungen wird der Hund zur Suche angesetzt. Was natürlich voraussetzt, dass der Hund deutlich anzeigt, wenn die eventuell vorhandene Spur älter als die bisher verfolgte ist oder die vermisste Person keine oder nur sehr alte Spuren hinterlassen hat, damit der Hund nicht an der nächsten Stelle, die überprüft wird, auf eine alte Spur wechselt. Eine weitere Voraussetzung ist ein klarer Negativ, mit dem der Abbruch deutlich erkannt wird. Wenn zu erwarten ist, dass vermutlich längere Strecken (E-Bike / E-Rolli) zurückgelegt werden, sollte diese Taktik so schnell wie möglich angewendet werden.

Hindernisse

Es gibt auch Spuren, die, aus welchen Gründen auch immer, an einem Hindernis enden.

Vom Wohnhaus unserer vermissten Person aus folgte Shania zielstrebig der Spur. Aus dem Garten hinaus und nach rechts in eine ruhige Anwohnerstraße, um nach einigen hundert Metern nach links abzubiegen und der Straße in Richtung Ortsmitte zu folgen. Bis dahin war noch alles gut, wie uns von den begleitenden Polizisten versichert wurde. Dies war der Weg, dem der ältere Herr auch mit seinem Rollator hätte folgen müssen, um wie geplant an seine Angelstelle zu gelangen. Nur dass er an diesem Tag nicht wie an den anderen Tagen nach Hause gekommen war. Shania zeigte eine leichte Bewegung nach rechts, aber nicht wirklich deutlich. Sie trabte weiter geradeaus über einen Parkplatz in Richtung Bahnhof und ließ einen kleinen Friedhof zu unserer rechten Seite liegen. Sie suchte sich nach links an den Bahngleisen entlang, stoppte an der Durchgangsstraße und nahm die Unterführung, um uns auf die andere Seite der Gleise zu bringen. Mit deutlichem Zug und höherer Nase lief sie auf ein Gewerbegelände zu. Der Zug der Leine nahm zu, die Nase ging noch höher. Der gesamte Körper richtete sich gerade aus, um über die Gleise auf das Friedhofsgelände zu gelangen. Nur leider stoppten nicht nur die Gleise, sondern auch ein hoher Gitterzaun mit einer Stacheldrahtkrone unseren Weg geradeaus.

Hier bilden Zaun und Gleise das Hindernis.

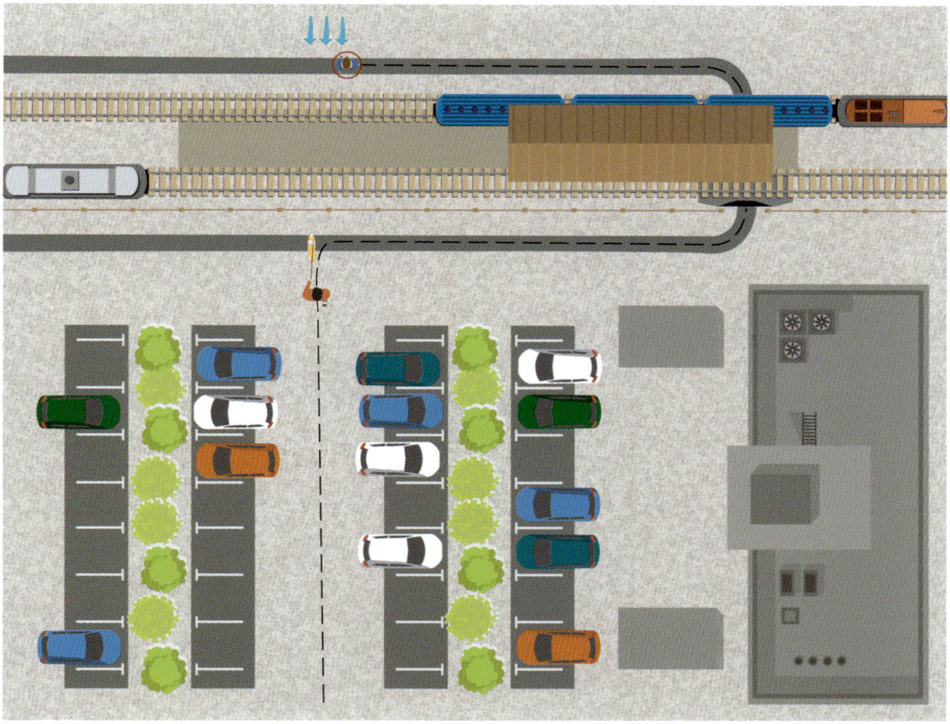

Und so würde die Situation von oben aussehen!

In diesem Fall war es einfach – das Gelände war sehr übersichtlich und die Ausrichtung mehr als deutlich. Um aber diese Stelle nötigenfalls wiederzufinden, wenn die andere Seite erreicht und das Hindernis umgangen worden ist, sollte sie markiert werden.

Das kann durch eine farbliche Markierung, etwa ein Knicklicht oder ein buntes Band / Schal sein. Möglich ist auch die Markierung mit GPS oder das Aufstellen einer Person, die als Markierung dienen kann. Auf keinen Fall sollte einfach über Gleise gelaufen oder, womöglich noch nachts, in ein Gewässer gesprungen werden. Bei Fleeten, Flüssen oder Seen kann nicht einfach aus dem Augenschein heraus eine Gefährdung sicher beurteilt werden. Ein Hindernis muss nicht bedeuten, dass die Spur hier nicht weitergeht: Vielleicht ist hier tagsüber eine Fähre unterwegs oder es gibt eine Klappbrücke. Oder der Hund hat die frischere Witterung des End Pools über den Hochwind bekommen.

Auch wenn es auf den ersten Blick so aussieht, als ob die Person die Fähre genommen hat, besteht auch die Möglichkeit, dass sie ins Wasser gefallen ist oder den Bus oder ein Taxi genommen hat.

Einer nach dem anderen

Auch wenn es, was selten genug ist, vorkommt, dass mehrere Hunde verfügbar sind, so sollte auch in dieser Situation ressourcensparend vorgegangen werden. Idealerweise haben sich die Teams bereits im Training oder im Einsatz kennengelernt, das für eine konstruktive Zusammenarbeit notwendige Vertrauen aufbauen und die Vorgehensweisen aufeinander abstimmen können. Dabei sollten die Hunde seriell und nicht parallel gestartet werden. Es erscheint wenig zielführend und eher irritierend, wenn zwei oder womöglich noch mehr Teams zeitgleich die Suche starten.

Diese Art der Vorgehensweise erinnert eher an Versuch und Irrtum – wenn die Hunde in verschiedene Richtungen starten – oder an ein „Rennen“, wenn die identische Richtung gewählt wird und die Geschwindigkeit unterschiedlich ist. Hier stellt sich auch die Frage, ob wirklich noch die Spur verfolgt wird oder ob nicht auf den Bewegungsreiz reagiert wird.

Wenn die Stärken der jeweiligen Teams bekannt sind, kann ein Team auch gezielt eingesetzt werden: Für die Suche, die wahrscheinlich aus einem Gebäude herausführt oder auch für die Suche aus einem kontaminierten Bereich heraus. Sinnvoll ist eine Überprüfung, wenn die Richtung nicht ganz eindeutig bestimmt worden ist und der Hundeführer doch unsicher ist. Idealerweise hat das Team, das zur Überprüfung eingesetzt wird, keinerlei Kenntnisse über den bisherigen Weg und die daraus abgeleiteten Erkenntnisse. Wenn ein weiterer Hund die Richtung bestätigt, ist alles gut. Was aber, wenn die Suche in eine andere Richtung geht oder ein weiterer Hund hier keine Spur aufnimmt? Hier ist wieder der Punkt: Wie gut kennen sich die Hundeführer und wie weit geht das Vertrauen? Wenn wenig Vertrauen in den eigenen oder in einen der weiteren Hunde besteht, sollte die Suche an dieser Stelle abgebrochen werden. Der Einsatz von weiteren Hunden sollte deshalb nur sehr dosiert und nicht an jeder Ecke erfolgen. Es stellt sich auch die Frage, wie viele Überprüfungen ein Hund leisten kann (und auch will). Denn irgendwann ist auch für gute und motivierte Hunde der Punkt erreicht, an denen noch eine negative Anzeige frustrierend und demotivierend ist.

Eine parallele Suche kann sinnvoll sein, wenn die vermisste Person an anderen Orten gesichtet worden sein soll. Dann kann ein Team diese Sichtung bestätigen – oder auch nicht. Vorsicht ist hier geboten, denn es kann sich auch um ältere Spuren handeln.

Im dicht bebauten Bereich ist das Vorhalten von mehreren Teams sinnvoll, denn die Suche in stark frequentierten und bebauten Bereichen ist oftmals sehr viel anstrengender als die im eher ländlichen Bereich. Teams können rechtzeitig ausgetauscht werden und bekommen so die notwendigen Pausen. Ein Hund sollte auch nach einer Pause weitersuchen können, ohne in der Motivation eingebrochen zu sein. Eine – wenn auch nur kurze – Pause ist gut für die Regeneration und verhindert die völlige Erschöpfung.

Gerade wenn mehrere Teams in die Suche eingebunden werden, ist die Sicherung des Geruches und das Klonen von Geruchsvorhalten besonders wichtig. Denn jedes Team sollte über eigenen und „sauberen“ Geruchsvorhalt verfügen. Nichts ist ärgerlicher, als wenn – ungewollt – ein anderes Team verfolgt und aufgespürt wird.

Stop and Go

Wenn eine unübersichtliche Situation aufgetreten oder eine Absperrung nicht möglich ist, dann sollte der Hund es schon kennen, dass er angehalten und wieder zur Weitersuche aufgefordert wird. Dieses Stoppen ist auch wichtig, um während einer längeren Suche eine Pause einlegen zu können. Durchziehen, bis der Hund überhaupt nicht mehr kann und total erschöpft ist, ist nicht zielführend. Besser ist es, eher eine Pause einzulegen, um den Hund die Zeit zur Erholung zu geben. Was dann viel schneller passiert als nach dem totalen Aus. Auch für den Hundeführer und die Flanker sind Pausen hilfreich. Für die eigene Erholung, aber auch, um sich über den bisherigen Verlauf der Suche und die möglichen nächsten Schritte auszutauschen. Schnell ist es geschehen, dass durch den Tunnelblick in der Suche der notwendige Überblick und auch Abstand verloren geht.

Hier ist es sinnvoll, innezuhalten und die Situation mit dem Adlerauge aus einer Helikopterperspektive zu betrachten. Dabei sollte, auch wenn es zunächst unhöflich erscheint, die Aufmerksamkeit stets beim Hund sein. Denn wie schnell könnten kleine oder kurze, aber entscheidende körpersprachliche Hinweise übersehen werden. Nicht immer ist ein „mehr desselben" die zum Erfolg führende Methode.

Weitere Einsatzmittel

Wenn es sich anbietet, dann geht idealerweise kein Personenspürhund alleine in die Suche. Es hat sich als erfolgreich erwiesen, wenn Flächenhunde parallel eingesetzt werden. Die Anzahl der Hunde sollte je nach der Umgebung gewählt werden. Im städtischen Bereich sind erstmal einige wenige Hunde in der Regel ausreichend. Sie können, noch während der Geruchsvorhalt gesichert wird, die Außenbereiche wie Grünanlagen und nahegelegene Parks oder auch Keller, Dachboden und Tiefgaragen abchecken.

Liegt der Abgangsort allerdings im ländlichen Bereich, dann sollte sofort die große Schleife gedreht werden, damit ein relativ großes Gebiet abgesucht werden kann. Oder man entscheidet sich dafür, dass der Personenspürhund zunächst die Richtung vorgibt und so den abzusuchenden Bereich eingrenzt. Wenn die vermisste Person allerdings mobil oder womöglich mit dem Fahrrad unterwegs ist, dann sollte es bei einigen wenigen Flächenhunden erst einmal belassen werden. Auch hier gilt das Motto: schonender Umgang mit (meist knappen) Ressourcen. Sobald der Personenspürhund eine Richtung vorgegeben hat, können auch weitere Mittel zum

Einsatz kommen. So können Trupps der Feuerwehr, vielleicht auch mit Wärmebildkamera, die Wege der Umgebung absuchen. Auch Drohnen kommen hier zunehmend zum Einsatz. Bei einem Ende an einem Gewässerrand werden häufig Taucher und Boote mit Sonar nachgefordert.

Bei einem Ende an einer Haltestelle werden weitere Stationen abgesucht oder es wird die Verkehrsleitstelle informiert.

Immer mit der Ruhe

Wie schon mehrfach betont ist es wichtig, dass auch der Hundeführer ruhig und fokussiert in der Suche bleibt. Dafür gibt es mehrere Möglichkeiten:

- Wartezeiten sinnvoll nutzen mit Bewegen des Hundes, Sortieren und Überprüfen der Ausrüstung, Informationsaustausch mit anderen Einsatzkräften, Nachdenken über Ansatzpunkte und Einsatztaktik
- Stress reduzieren durch Selbstsuggestion mit Aufrufen eines inneren Mantras wie „Ich bleibe ruhig!“ oder „Ich habe die Kontrolle!“
- Stress reduzieren durch Technik „Gedankenstopp“mit dem Stoppen von negativen Gedanken und ersetzen durch positive und fördernde Gedanken „Stopp, denke nach, was kann Dich jetzt weiterbringen?“
- Stress reduzieren durch Technik „Ein-Punkt-Meditation“mit der Konzentration auf einen Punkt und dabei einige tiefe Atemzüge nehmen mit den inneren Kommandos „Ein“-„Aus“ im Rhythmus der Atemzüge
- Jacobson-Entspannungs-Training lernen – eine Technik, durch die nach längerem Training durch Entspannung eines Muskels der gesamte Körper entspannt
- Autogenes Training als Entspannung für den Kopf (für körperlich orientierte Menschen ist „Jacobson“ besser geeignet)

15. Dieser Weg wird kein leichter …

Temperatureffekte und die „ideale Linie"

Wenn eine Straßenseite in der prallen Sonne und die andere Seite im Schatten liegt, kann sich ein besonderer Effekt ergeben: Es gibt zwei Geruchskanäle oder -linien! Eine Geruchslinie liegt auf einer Seite und ist für den Hund ausreichend zum Verfolgen des Trails. Aber durch die intensive Sonneneinstrahlung auf dieser Seite der Straße steigen die erwärmte Luft und mit ihr die Geruchspartikel auf bis in Höhe der Hausdächer, werden dort wieder herunter gedrückt und sinken auf der kühleren Schattenseite nach unten, wo sie sich ablagern und eine zweite, manchmal deutlichere und bessere Geruchslinie bilden.

Es kann durchaus sein, dass die Geruchspartikel sich auf der kühleren Schattenseite der Straße abgelagert haben, obwohl die Person rechts auf der Sonnenseite entlang gegangen ist.

Diese in der Suchsituation bestmögliche Geruchslinie bietet dem Hund die Möglichkeit, die Spur mit weniger Ressourceneinsatz zu verfolgen. Also, warum nicht die Straßenseite wechseln und den Weg fortsetzen?

Geruchsabriss

Geruchsabrisse kommen häufig während einer Suche vor. Sie entstehen

- auf Brücken, wenn der Geruch nach unten fällt oder zur Seite verweht wird. Auch wenn die linke Fußgängerbrücke seitlich begrenzt ist, so kann sich hier durch den leichten An- und Abstieg eine Schwierigkeit ergeben. Die Situation auf dem rechten Bild ist deutlich komplexer. Hier treffen mehrere Brücken aufeinander, eine Treppe geht nach unten und die hinteren Brückenwege sind offen.

- durch Windbarrieren, die durch Lücken in der Topographie entstehen – was besonders in eng bebauten Innenstädten mit Straßenschluchten der Fall ist. Ein starker Wind kann dazu führen, dass die Spur sozusagen abgeriegelt wird. Der Hund folgt einer Spur fokussiert bis zu einer Entscheidung und trifft dort auf die starke Seitenströmung, der er in Windrichtung folgt. Dann zeigt er Abbruchsignale, findet aber den Abgang in den Durchgang nicht, weil die Windbarriere jeden Geruchspartikel sofort mitreißt und quasi eine Mauer vor dem Durchgang bildet. Wenn der Hundeführer hier kurz die Führung übernimmt und den Hund in den Durchgang hineinführt, sozusagen die Tür öffnet oder die Mauer einreißt, kann der Hund die Spur wieder aufnehmen und ihr durch den Durchgang folgen. Dies setzt natürlich wieder voraus, dass der Hund klare und deutliche Abbruchsignale zeigt und nicht den Aufforderungen des Hundeführers Folge leistet. Auch an Hindernissen wie einer Mauer kann sich durch den Wind eine Barriere an der dem Wind abgewandten

Selbst Hindernisse, die wir kaum als solche wahrnehmen, können Geruch verwirbeln.

Seite aufbauen. Wenn der Wind auf ein Hindernis aufkommt, wird er nach oben abgelenkt, um auf der anderen Seite wieder zu sinken. Dabei können sich drehende Effekte entstehen, die den Geruch in einem Kreislauf halten.

- auf großen Plätzen oder Kreuzungen durch Verblasen und den Straßenverkehr, kurz vor Hügelkuppen durch Auf- und Abprall des Windes und damit der Geruchspartikel und in Senken und Taleinschnitten durch Überblasen des Windes.

- an Bahnübergangen oder Bahnsteigen, wenn aufgrund von durchfahrenden Zügen ein Unterdruck und damit ein Sog zum Zug hin entsteht.[71] Dabei ist der Effekt bei langen und vollbeladenen Güterzügen am stärksten. Aus Sicherheitsgründen sollte daher die weiße Linie auf dem Bahnsteig beachtet werden.

71 *In der Physik auch als Bernoulli-Effekt bezeichnet*

Durch den Sog des Zuges entsteht eine Zone, in der sich nur wenig Geruch halten kann.

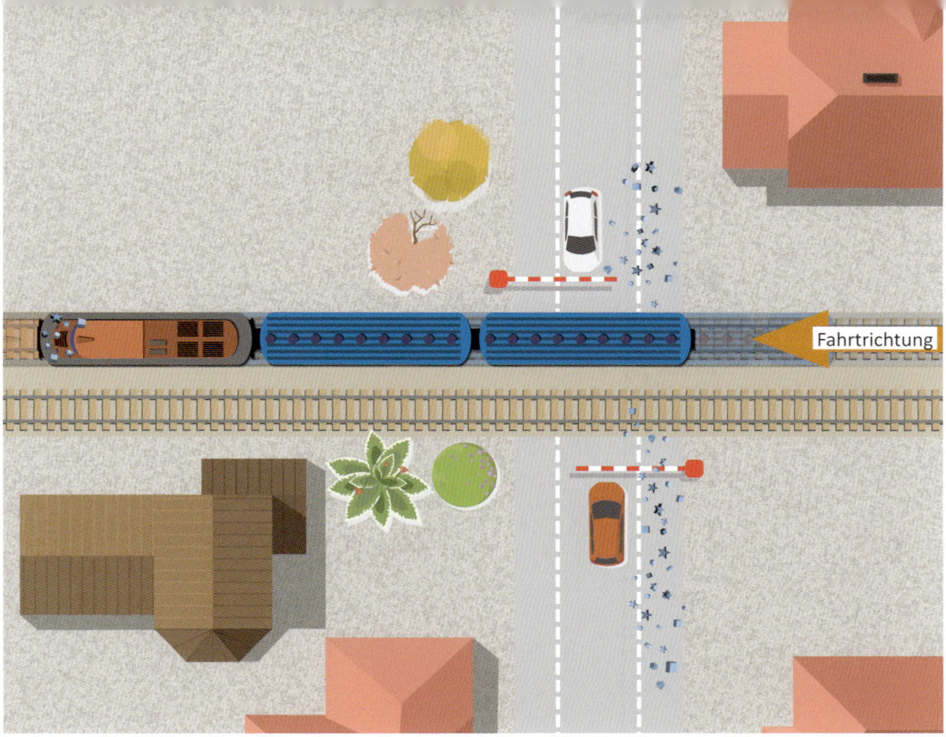

- durch Kamineffekte, die an allen Arten von Verengungen auf dem Weg vorkommen, insbesondere bei Häuserschluchten. Der Windkanal wird verengt, dadurch erhöhen sich der Strömungsdruck des Windes und seine Geschwindigkeit

Durch den Strömungsdruck können Effekte noch verstärkt werden.

innerhalb des Kamins. Der Kamineffekt zeigt sich insbesondere an Durchgängen, in Hohlwegen, in Tunneln und unter Arkadengängen. Hier kommt es häufig zu Konflikten, die sich aus den außerhalb des Durchganges vorherrschenden Winden ergeben und einen Trichtereffekt verstärken können. Neben dem beschriebenen häufigeren waagerechten Kamineffekt gibt es auch noch einen senkrechten Kamineffekt. Er entsteht, wenn der Geruch sich an wärmeren Stellen wie Hauswänden fängt und von dort aus nach oben steigt. Irritierend kann es sein, wenn dieser Effekt in engen Durchgängen auftritt. Der Hund zeigt möglicherweise nach einem kurzem Blick nach oben einen Abbruch. Auch hier sollte ein Stück in diese Enge hinein oder den Weg weitergegangen werden.

- oder einfach nur, weil ein vorher gleichmäßiger Wind vorübergehend seinen Dienst eingestellt hat.

Leider ist die Situation nicht immer eindeutig, da etliche Faktoren die Lage beeinflussen und die Beurteilung erschweren. Dazu folgendes Beispiel mit mehreren Varianten derselben Situation:
Noch geht die Suche wahrscheinlich mit ziemlicher Sicherheit den Fußweg entlang. Die Lücke zwischen den Gebäuden ist nicht sehr auffällig. Die Fahrzeuge, die hinter dem Geländer fahren, können erstmal ignoriert werden. Der Geruch wird sich zwischen Hauswand und Sockel des Geländers fangen. Interessant wird es – wieder –, wenn sich der Hund der Lücke nähert.

Identisch aussehende Situation, unterschiedliches Geruchsbild

Eine zunächst einfach aussehende Unterbrechung in der Bebauung kann zu einem Problem werden.

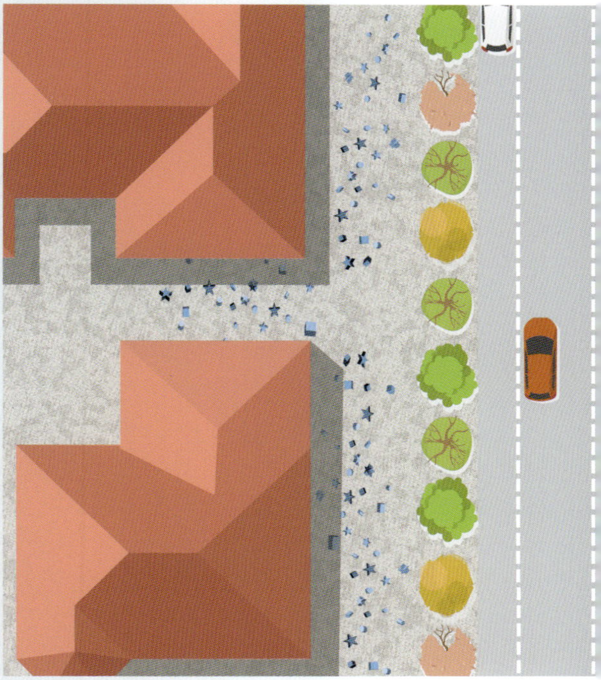

Wenn die Person geradeaus gegangen ist ...

- ... und der Wind von links kommt, kann es zu einem Geruchsabriss kommen. Hier sollte die Lücke überbrückt und das weitere Suchverhalten beobachtet werden.
- ... und der Wind von rechts kommt, wird sich der Hund in die Lücke drehen und sollte spätestens an der nächsten Ecke oder Lücke drehen.
- ... und der Wind von vorne oder hinten kommt, sollte der Hund sich nur kurz in die Lücke drehen, ausschließen und weiter geradeaus gehen.

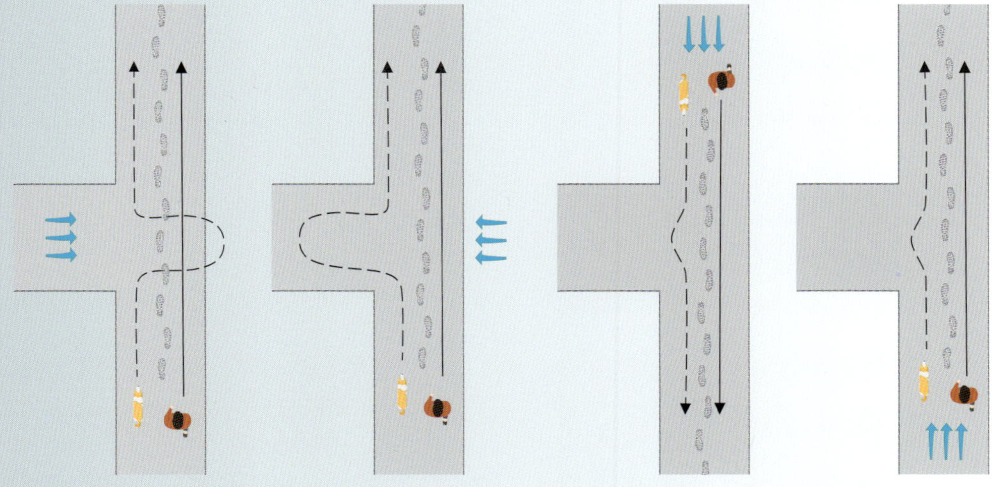

Wenn die Person nach links gegangen ist ...

- ... und der Wind von links kommt, wird sich der Hund maximal kurz in die Windrichtung nach rechts eindrehen, um dann direkt in den Wind und in die Lücke gehen.
- ... und der Wind entgegenkommt, wird der Hund möglicherweise an der Lücke vorbeilaufen, um dann hinter der Lücke zu drehen – denn der Geruch endet hier.
- ... und der Wind von rechts kommt, sollte der Hund sich mit der Windrichtung nach links eindrehen, um dann direkt mit dem Wind in die Lücke gehen.
- ... und der Wind von hinten kommt, wird der Hund möglicherweise mit dem Wind gehen, abbrechen und drehen, um dann dem Geruch nach in die Lücke zu gehen.

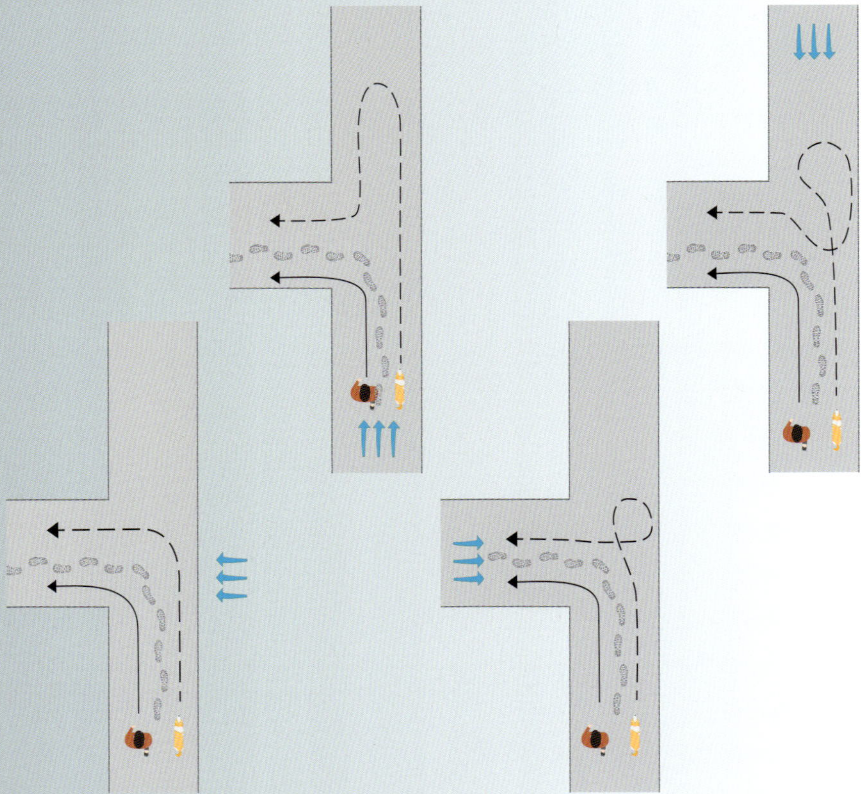

Kaum hatten wir nach dieser Nacht ausgeschlafen und es uns im Garten gemütlich gemacht, kam gegen Mittag die nächste Alarmierung. Es ginge um einen angekündigten Suizid und es wäre sehr ernst zu nehmen. In einem Schließfach am Hauptbahnhof wurden vor dem Verschwinden Dinge und Briefe deponiert. Ich fragte dann einfach mal ins Blaue: „Handelt es sich um den Herrn, der bereits seit gestern vermisst wird?". Das Schweigen am anderen Ende der Leitung war Antwort genug. Damit war die Frage des Geruchvorhaltes geklärt. Sauber aufbewahrt hatten wir noch Gegenstände aus der Nacht im Auto. Wir machten uns auf den Weg, eine Helferin kam aus der anderen Ecke der Stadt noch zu unserer Unterstützung. Heiß war es diesen Sommer, richtig heiß und eine Suche im oder am Hauptbahnhof tagsüber ist sowieso kein Vergnügen. Wir sollten uns bei der Bahnhofswache melden, dort wüsste man Bescheid und würde uns einweisen.
Parkplätze sind in Nähe eines Hauptbahnhofes immer rar gesät und Samstagnachmittag nachmittags noch seltener als sonst. Schatten war sowieso nicht zu erwarten. Gut, dass unsere Helferin uns schon vor Ort erwartete und wir ihr die Hunde anvertrauen konnten. Ohne Aufsicht wollten wir das Auto hier nicht unbedingt stehen lassen. Die Bahnhofswache war noch leicht zu finden. Was dann folgte, war schon comedyreif. Ich bin rein und habe mein Sprüchlein aufgesagt: „Guten Tag, wir sind die angeforderten Personenspürhunde". Was immer etwas an Imbissbudendeutsch[72] erinnert – aber die wichtige Information gleich präsentiert. Nun, der Polizistin mir gegenüber war nicht bekannt, dass Personenspürhunde angefordert worden waren. Wie sie mir dann erklärte, gehörte sie zur Bundespolizei und die Vermisstensuche würde hier Ländersache sein. Also ging mein Kopf von links zu der Beamtin rechts. Doch auch hier war nichts bekannt. Vielleicht wüssten aber die Kollegen nebenan im ersten Stock mehr. Dann also auf zur nächsten Anlaufstelle.
Bekannt war hier auch nichts, aber hilfreiche Beamte nahmen sich der Sache an und telefonierten durch die Gegend. Der angebotene Kaffee wurde von mir dankbar angenommen und mit mehreren Bechern in der Hand balancierte ich die Treppen hinunter und verteilte sie an Flanker und Helfer. Der Parkplatz am Bahnhof wurde rege frequentiert und oft mussten wir erklären, was wir denn eigentlich so machen. Hunde bei den Temperaturen im Auto halten! Dass der Asphalt noch heißer war, hatte wohl keiner bedacht. Und was wir nicht bedacht hatten: Es war Sonnabend und das bedeutete „Bundesliga". Doch jetzt hatten wir einen klar definierten Auftrag – die Gegenstände waren in Schließfach 237 deponiert worden und zwar bereits am

72 *https://www.youtube.com/watch?v=0AFZdFrfXoA*

Tag vorher. Da hatten wir unseren Startplatz und der war mitten im Gewühl. Auf dem Weg dorthin informierten wir dann noch den Sicherheitsdienst der Deutschen Bahn. Dreimal Sicherheitskräfte auf wenigen Quadratmetern, das hatten wir auch noch nicht.
Es war klar, dass Shania als erste startete. Mit ihrer Souveränität und Erfahrung lässt sie sich durch nichts aus der Ruhe bringen. Also jedenfalls nur durch einige wenige Dinge. Gut, wenn man Helfer an der Seite hat, die einen abschirmen, die neugierigen Passanten aufklären und höflich bitten, den Weg freizumachen. Ich war selber fasziniert, wie sicher sich Shania ihren Weg durch die Bahnhofshalle suchte. Vorbei an Läden, Verkaufsständen und Hunderten von Passanten. Lediglich mit einem kurzen Hochnehmen des Kopfes zeigte sie an, dass sie die Personen checkte. Und ich war mal wieder froh, dass dieser Hund auch an einer sehr kurzen Leine sicher arbeiten kann und sich durch mich weder stören noch aufhalten lässt. Relativ schnell ging es aus der Bahnhofshalle hinaus auf den Vorplatz, geradeaus war ein Theater, nach links ging es zu unserem Parkplatz und schräg rechts lag ein Zugang zur U-Bahn. Dieser wurde aber nur kurz bis zum ersten Absatz abgesucht, dann ging es sofort wieder nach oben in Richtung Theater. Auch wenn es in einer solchen Situation kein angemessener Gedanke ist, aber endlich mal kein Ende an einer Bahn- oder Bushaltestelle … Diesmal war es, wie sich kurze Zeit später herausstellte, ein Ende am Taxistand. Auch beim Abklären, ob ein Abgang in Richtung anderer Straßen vorhanden war, zeigte nicht nur Shania, sondern auch Hubble deutliche Negative an. Und damit war auch diese Suche für uns beendet.
Was sich als gutes Timing herausstellte, denn genau in diesem Moment trafen die Züge mit den Fußballfans ein und eine lebhafte Situation wurde noch lebhafter! Shania sollte zur Belohnung noch kurz bespaßt werden und der kurze Spaß „einmal um die Ecke" endete neben den Diensthundeführern, die sich und ihre Hunde gerade auf den anstehenden Einsatz vorbereiteten. Aber der gute Personenspürhund bleibt auf der Spur, egal was die Malis nebenan veranstalten.
Die vermisste Person hat sich übrigens, nachdem eine Suchaktion über die sozialen Medien gestartet worden war, einige Tage später unversehrt gemeldet. «

Häufig besteht ein Geruchabriss nur für eine kurze Strecke. Der Hundeführer erkennt ihn daran, dass der Hund relativ abrupt sein Tempo verlangsamt und Abbruchsignale zeigt, obwohl er vorher durchgehend positive Signale bezüglich Arbeitsmodus und Sicherheit auf dem Trail gezeigt hat. Einer der wichtigsten Grundsätze lautet hier:

„Erst vorwärts, dann rückwärts!"

Also: der Hundeführer übernimmt – meist kurz – die Führung, führt den Hund in Kreisen oder in einer geraden Linie ein paar Meter weiter und übergibt ihm dann wieder die Führung. Längere Strecken sind in den seltensten Fällen notwendig, bis der Hund deutlich eine Positivanzeige durch Wiederaufnahme des Geruches und Eintauchen in den Geruchskanal oder eine klare Negativanzeige durch deutliche Abbruchsignale zeigt. Wenn der Hund rückwärts führt wird, ist das nicht nur für den Hund schwieriger und anstrengender, also ressourcenfressend, sondern die Entfernung bis zum Punkt der letzten Sicherheit kann auch mehrere hundert Meter, im Extrem bis zum Startpunkt gehen.

Bei Kreuzungen kann diese Regel auch lauten:

„Erst seitwärts, dann vorwärts!"

Auch hier sind Abzweigungen dann wieder ausgeschlossen worden und die mentale Landkarte kann ergänzt werden. Bei Treppen, Unterführungen, Durchgängen, die der Hund gegebenenfalls leicht meldet, geht der Hundeführer einfach ein paar Schritte vor und achtet auf die körpersprachlichen Signale, bis der Hund an ihm vorbeiläuft und wieder Fahrt aufnimmt.

Trichter

Besondere Effekte entstehen, wenn sich der Weg plötzlich stark verengt oder stark erweitert. Aus der Vogelperspektive betrachtet erscheint die Umgebung tatsächlich wie ein Trichter. Wenn sich aus einer schmalen Gasse heraus dann eine große Fläche, etwa ein Platz öffnet, heißt das für den Geruch: das Enge und Geführte ist vorbei, der Geruch verteilt sich. Hier heißt es für das Team, den Geruchskanal wiederzufinden und ihm zu folgen.

Umgekehrt kann es sein, dass ein schmaler Abzweig nicht als solcher erkannt wird, da der Geruch auf der größeren Fläche hängenbleibt und sich verteilt.

Hier heißt es, die körpersprachlichen Abbruchsignale zu erkennen und zu deuten, um daraus den Abzweig zu finden und zu verfolgen.

Sobald eine große Fläche vorliegt, verteilt sich der Geruch weiträumig.

Auch hier hat sich der Geruch bereits über den über den gesamten Platz verteilt. Der Abgang kann schnell überlaufen werden.

Tür und Tor

Immer wieder kommt es während einer Suche vor, dass das Team vor einer verschlossenen Tür steht – insbesondere, wenn in einem Gebäude gestartet worden ist. Hier kann es von entscheidender Bedeutung sein, dass der Hund deutlich anzeigt: Durch diese Tür will ich gehen! Da wird die vermisste Person in einem anderen Zimmer oder sogar Bett angefunden. Noch wichtiger wird die deutliche Anzeige, wenn die Tür nicht nur ver-, sondern abgeschlossen ist. Natürlich kann es sein, dass die Räume aufgeschlossen werden und der Hund nach einem kurzen Abchecken den vorherigen Weg fortsetzt. In Treppenhäusern wird häufig auf dem ersten Absatz gedreht. Es kommt häufiger als gedacht vor, dass die Person in einen Raum gelangt, der „eigentlich" immer abgeschlossen ist oder dessen Vorhandensein leicht übersehen werden kann.

Umgekehrt kann auch die vermisste Person durch eine offene Tür in ein Gebäude gelangt sein.

Wenn die Tür geschlossen worden ist, ist wieder ein deutliches Abbruchsignal und ein deutliches Anzeigeverhalten des Hundes wichtig.

Eine vermisste Person kann auch einen Weg genommen haben, der sich später für uns als verschlossen zeigt.

Car Trail

Es gibt etliche Dinge, die während der Suche nicht so wirklich selbsterklärend sind.

Eine Wolke kam uns entgegen – aber so eine Wolke von Geruch, dass selbst wir fast umgekippt wären. Da blieb mir nichts anderes übrig, als flach durch den Mund zu atmen und die Kleidungsstücke ganz, ganz langsam aus der Tasche zu holen. Die Sicherung von Geruchsvorhalten ist nicht immer angenehm. Der Polizist neben mir sagte nur: „Was man für sein Geld nicht alles machen muss!" Meine Antwort: „Ich mache es ehrenamtlich, ich muss noch Geld mitbringen."
Der Ansatz war im Eingangsbereich eines Supermarktes. Unsere vermisste Person wurde definitiv zuletzt dort gesehen, als sie sich mit Alkohol – auch schon innerlich – bevorratet hatte. Google nahm auch sehr schnell die Spur auf und zog zu einer Bank, bei der schon sehr viele Flaschen neben Tüten mit Essensresten in allen Stadien der Auflösung und sonstigem Müll lagen. Hier hatte er sich relativ schnell gelöst, zog über die Straße und weiter an dieser Straße entlang. Im Verlauf der Straße wurde seine Suche immer unruhiger und die Ausflüge in die Nebenstraßen wurden für uns gefühlt immer länger. Der Kopf kam öfter hoch, die Pendelbewegungen wurden größer. Eine ganze Weile ging es so weiter. Immer in eine Richtung, aber so wirklich sicher waren wir uns bei dieser Suche dann doch nicht mehr. Es ging, wenn auch noch mit einem weiteren Schwenk nach links und rechts, doch relativ zielstrebig in eine Richtung – zum Ortsausgang. Dann noch weiter über eine etwas größere Straße, die sich zu einem Kreisel ausweitete. Hier wurde aus der Tempo-30-Zone eine Tempo-50-Straße. Die Bewegungen von Google erlebten wir immer mehr als ausgefranst und noch weiträumiger. Ein Eindruck von „Geruch, aber keine Spur". Einige Zeit hinter dem Kreisel waren Tempo 70 und dann Tempo 100 erlaubt. Ab hier war es dann überhaupt keine „richtige" Suche mehr und unsere Entscheidung stand schnell fest: In dieser Form machen wir nicht weiter.
Am nächsten Tag stellte sich heraus: Unsere vermisste Person hatte sich vor dem Supermarkt aufgehalten und etwas getrunken, um dann, noch bevor wir alarmiert worden waren, ein Taxi zu rufen und sich in ein Krankenhaus bringen zu lassen. Die Route führte durch die Tempo-30-Zone und über den Kreisel auf die Landstraße bis in das Krankenhaus der nächsten Stadt.

Car Trails sind unter bestimmten Umständen möglich – wie so vieles. Auch hier kommt es wieder auf die Umgebung, die vorherrschende Witterung und die Geschwindigkeit des Fahrzeugs an. Es stellt sich allerdings die Frage: Ist ein Car Trail überhaupt gewollt? Wäre es nicht eindeutiger, wenn der Hund an dieser Stelle ein Negativ anzeigt? Hier sollte der Hundeführer für den Hund und sich eine klare Position beziehen und dies auch kommunizieren. Also entweder zeigt der Hund beim Beginn eines Cartrails einen deutlichen Abbruch oder der Hundeführer kann die Art der Suche benennen.

Helikopterblick

Die Sterne funkelten hell und klar am dunklen Himmel. Selten noch erlebt man einen so intensiven Nachthimmel. Bei dieser Fahrt war aber auch kein Ort, geschweige denn eine Stadt mit ihren Lichtern in der Nähe. Diese Gegend, in der unser Einsatz stattfinden sollte, lief unter der Rubrik „landschaftlich reizvoll".

Wenn man am Wochenende mitten in der Nacht durch dünn besiedelte Landschaften fährt, dann haben auch wir natürlich so unsere Vorurteile. Als ein Kombi sehr merkwürdig vor uns herfuhr, mal langsam und mal schneller, mal nach links und mal nach rechts, wurden wir logischerweise aufmerksam. Anhalten wollten wir ihn nicht und um die Polizei zu rufen – dafür war das Verhalten dann auch wieder nicht zu auffällig. Und außerdem wollten wir keine Zeit verlieren, sondern zügig zu unserem nicht mehr weit entfernten Einsatzort weiterfahren – was in einer bewaldeten Gegend mit kurvigen Straßen nicht unbedingt schnell geht. Vor Ort angekommen wollten wir aber doch unsere Beobachtung schildern. Wir gingen auf die Polizisten zu, die uns bereits erwarteten. Lange genug hatte es für sie schon gedauert. Nach der obligatorischen Vorstellungsrunde fing ich dann an, die Situation mit dem silberfarbenen Kombi mit dem amtlichen Kennzeichen ... zu schildern. Und merkte schnell, wie ein Schmunzeln über die Gesichter ging. Wie sich herausstellte, waren es Kollegen von der Wache im nächsten Ort. Nicht nur, dass sie sich nach der vermissten Person umsehen sollten – sie sollten uns auch während der Suche begleiten. Dann war das damit geklärt. Und die ganze Nacht immer wieder ein Grinsen wert, da unsere Vermutung zwar nicht unwahrscheinlich, aber die Sache ganz anders war.

Es ging um einen älteren Mann, der seit Jahren in einer Anlage wohnte, die aus mehreren kleinen Blockhäusern bestand. Seit Jahren hatte er das Gelände nicht mehr verlassen, da er sich nur mühsam mit seinem Rollator vorwärtsbewegen konnte. Nun hatte er das erste Mal seit Jahren das Gelände verlassen und an einem

Dorffest teilgenommen. Er war zuletzt von mehreren Personen, darunter auch einer Pflegekraft, an einem Feuer gesehen worden, womit zum Glück der Startpunkt eindeutig geklärt war.

Ich setzte Shania an. Sie zeigte schnell, dass sie die Spur aufgenommen hatte. Sie zog mit Verve die Dorfstraße entlang und bog auf die Hauptstraße nach links ab, um kurz darauf zu drehen und weiter nach rechts zu laufen. Immer wieder zeigte sie Anzeichen, dass sie sich nach links orientierte, drehte aber immer wieder ein und lief geradeaus weiter – bis zu einem Platz mit der obligatorischen Bushaltestelle. An der sie auch vorbeilief, aus dem Dorf hinaus. Aber sie war hier nicht mehr wirklich zielstrebig, irgendwie tänzelte und tändelte sie die Straße entlang. Das war es dann für uns mit der Suche. Daraufhin setzten wir Google an der Bushaltestelle an. Vielleicht war er ja doch mit dem Bus … doch nein. Google zeigte ein mehr als deutliches Suchverhalten: mit tiefer Nase und einer Rute, die sich in Sensenform bis auf das Rückgrat bog, zog er in die von Shania vorgegebene Richtung, um abrupt zu stoppen, sich fast auf der Stelle zu drehen und sich komplett neu auszurichten: genau in den Wind hinein auf eine Freifläche zu, die von einem hohen Zaun begrenzt wurde. Für uns war klar, dass die vermisste Person in dieser Richtung zu suchen war! Wir gingen dann zurück auf die Straße, noch ein Stück zurück und der nächste Abbieger, der in die von Google angezeigte Richtung ging, war der unsere. Und tatsächlich zeigte er weiter ein ausgesprochenes Suchverhalten, um nach einiger Strecke abrupt stehen zu bleiben und einen Kreis zu drehen. Noch einen Kreis und noch einen. Und nicht weiterging, sondern stehenblieb.

Trotzdem war für uns klar, dass die vermisste Person auf jeden Fall die Straße weiter geradeaus gegangen war – wenn sie dort nicht sogar direkt zu finden war. Unsere Idee war es, Flächenhunde nachzufordern, die die Feldmark absuchen. Das Verhalten, das Google gezeigt hatte, war ein eindeutiger Indikator. Und es hätte sich angeboten, den Bereich, der sich an die abgezäunte Freifläche anschloss zu durchsuchen. Leider ist diese Anregung nicht aufgenommen worden.

Am nächsten Morgen erreichte uns die Information, dass wir mit unserer Einschätzung tatsächlich richtig gelegen hatten. In Verlängerung dieses Weges, der von einer Asphaltstraße in einen Feldweg überging, wurde unsere vermisste Person von Beamten, die diesen Bereich abgesucht haben, liegend und den Umständen entsprechend wohlauf aufgefunden. «

Der Erfolg war hier zum Greifen nahe – und die Suche wurde nicht erfolgreich beendet! Woran lag es?

Ein Punkt war mit Sicherheit die zu dem Zeitpunkt fehlende Einsatzerfahrung:

- Ein Blick auf den aufgezeichneten Weg hätte deutlich gezeigt, dass die Orientierung, die in Richtung Nordwest ging, sehr schnell abgebrochen worden ist → Anzeige der Richtung und Eingrenzung des Suchgebiets
- Die Anzeigen für Richtung Südost waren sehr deutlich und doch wurde hier abgebrochen, anstatt den Hund ein Stück weiter den Weg entlang zu führen → Führungswechsel
- Ein Blick auf die Karte hätte gezeigt, dass sich zur rechten Hand ein Teich befand. Kam hier das Phänomen „Wasser zieht Geruch an" zum Tragen? → Beachten der Topographie

Die Landkarte ist nicht das Gebiet

Ebenso wichtig wie die Aufzeichnung und die Dokumentation mit Hilfe von technischen Hilfsmitteln ist die „mentale Aufzeichnung". Sie verbindet den tatsächlich gelaufenen Weg mit dem Erleben auf der Spur. An welcher Stelle hat es sich wie angefühlt, wie war die Leinenspannung? Welche körpersprachlichen Signale sind gesendet worden oder wo war der Hundeführer möglicherweise abgelenkt? Hier heißt es mit allen Sinnen wahrnehmen – ohne eine Vermutung zu haben. Sollte sich auf der Spur eine Unsicherheit oder ein Abbruch ergeben, so kann anhand dieser „mentalen Landkarte" die Suche an einer anderen Stelle vielleicht wieder aufgenommen werden. Wichtig ist es, immer zu wissen, ob die Spur noch sicher verfolgt wird. Was kein Problem ist, wenn es recht sicher oder recht unsicher ist. Problematisch wird es erst, wenn es in den Bereich Halbe/Halbe geht. Umso wichtiger, diesem Gefühl der Sicherheit auch eine Beschreibung und einen Ort auf der Spur jederzeit zuordnen zu können. Wenn die Sicherheit da ist, dann können bestimmte Abschnitte auf der Spur, die bereits gelaufen und damit zurückgelegt worden sind, auch mit dem Marker „erledigt" belegt werden.

Immer hinter dem Hund bleiben!

Nicht immer ist die Körpersprache des Hundes leicht und eindeutig zu erkennen. Gerade in der Dunkelheit, bei Regen und wenn es mal wieder etwas länger dauert. Deutlicher sind die Bewegungen in der Ausprägung zu erkennen, wenn Kopf, Rückgrat, Karabinerhaken, Hintern und Leine eine Linie bilden. Deshalb ist es wichtig: Immer hinter dem Hund bleiben!

Wendehals

Eine weitere, ganz einfache Regel lautet: Wenn der Hund in einen Abzweig hineingeht, wieder herauskommt und keine neue Richtung wirklich deutlich anzeigt, dann einfach mal in genau 180 Grad gegenüber testen. Aus welchem Grund auch immer – oftmals hat sich diese Richtung dann als die richtige erwiesen.

Kalte Spur

„Ich glaube es nicht." sagt Luke.
„Das ist, warum du scheiterst." antwortet Yoda.[73]

Grundsätzlich sind auch Suchen nach 6, 12 und 24 Stunden und älter möglich. Ob die Spur wirklich noch sicher verfolgt werden kann, hängt von vielen äußeren Faktoren ab. Eine Spur altert nicht gleichmäßig, sondern unregelmäßig, je nachdem, wie viel Geruch in welcher Umgebung gelandet ist. Dem Gelände, der Temperatur und der Feuchtigkeit kommt eine entscheidende Bedeutung zu. Trocken und kalt oder trocken und heiß lassen eine Spur schneller altern als feuchte Luft und mittlere Temperaturen. Darüber hinaus spielen auch die Fähigkeiten und Erfahrungen des Teams eine nicht unwesentliche Rolle. Bei älteren Trails liegt zum Teil keine

73 *Starwars*

durchgehende, einfach zu verfolgende Spur mehr vor, sondern eher das Suchen von restlichen „Klumpen". Hier kommt dem Hundeführer – wieder mal – eine entscheidende Bedeutung zu: ausgehend von „hier sind wir sicher" zu Momenten, in denen die Unsicherheit wächst und hoffentlich auch wieder abnimmt. Oftmals muss mehr Führung übernommen werden als bei frischeren Spuren. Das Zusammenspiel im Team muss hier mehr als stimmen!

Bei der Suche nach vermissten Personen sind Spuren, die über die 24 Stunden hinausgehen, eher selten. Das Spuralter sollte aber auf jeden Fall trainiert werden, damit sicher beurteilt werden kann, ob der Hund dieses Alter noch verfolgen kann und wie sich die Körpersprache und Vorgehensweise bei der Suche mit zunehmendem Alter ändert. Es zeigt sich recht schnell, dass Lauf- und Schweißhunde hier ihre rassespezifischen Eigenschaften ausspielen können.

Hummel, Libelle und Phönix

Weniger in urbanen als vielmehr in ländlichen Gebieten kommt es vor, dass Hubschrauber mit WBK (Wärmebildkamera) eingesetzt werden. In der Stadt sind, auch abends oder nachts, meistens zu viele Menschen unterwegs, als dass die Suche von oben wirklich zielführend ist. Daher ist diese Art der Suche eher angebracht, wenn große Flächen abgesucht werden sollen. Nicht immer kann eine WBK auch tatsächlich den versprochenen Nutzen bringen! Insbesondere im Sommer bei dicht belaubten Gebieten kann eine Wärmequelle (sofern die vermisste Person noch lebt) nur schlecht oder gar nicht geortet werden.

Da die Hubschrauber nicht direkt über dem Boden fliegen und sich der Start- und Landeplatz meistens in einiger Entfernung befindet, wird der Geruch nicht in dem Maße verwirbelt, wie es oft befürchtet wird. Durch die Geräusche sollte sich das Team sowieso nicht ablenken lassen und sich den Geruch suchen, wo er am wahrscheinlichsten zu finden ist: an Hindernissen und/oder feuchten und kühleren Stellen. Immer häufiger werden in der Personensuche auch Drohnen eingesetzt. Sie sind kleiner, leichter und vor allen Dingen auch günstiger und oftmals genauso effizient.

Immer wieder werden auch Übungen mit Hubschrauberausflügen für Hund und Hundeführer angeboten. Wer einen vergnüglichen Nachmittag mit einem Event plant, für den ist es eine feine Sache. Wohl kaum jemand wird oder ist aber schon einmal zu Einsätzen geflogen worden.

Pool

Wenn der Hund aufgrund der Windverhältnisse den Ausgang aus einem Geruchspool nicht findet, dann übernimmt der Hundeführer die Führung und setzt den Hund außerhalb des vermuteten Pools (Senke, Hügelkamm) an einer geeigneten Stelle neu an und lässt ihn nicht mehr zurück in den Pool.

Darf der einen Keks?

Und schon war die Tasche offen und ein Keks auf dem Weg von der Hand der Passantin in das Maul des Hundes. Solche oder ähnliche Störungen gibt es häufiger in der Suche. Was gut gemeint ist, ist selten gut gemacht. Hier bedeutet es eine Unterbrechung in der Arbeit. Auch wenn der Keks verweigert wird – die Störung ist eingetreten. Selbst leuchtende Einsatzbekleidung oder Begleitung durch Polizei hält nicht alle Personen ab. Die Wahrnehmung für das, was in der Umgebung tatsächlich passiert, ist bei vielen Personen gestört oder durch eigene Wünsche blockiert.

»

Spielende Kinder hatten in einem Gehölz in einem Park Gegenstände gefunden. Was sie dort gefunden hatten, hatte sie doch ziemlich erschreckt – ein Rucksack mit ausgepackten Gegenständen, darunter ein blutbeflecktes T-Shirt. Die Kinder hatten alles richtig gemacht, die Sachen nicht weiter angefasst und waren zu ihren Eltern gelaufen. Diese waren klug genug und betrachteten die Schilderungen der Kinder nicht als überbordende Fantasie, sondern glaubten den Erzählungen. Vorsichtig folgten sie dem Trampelpfad in das Gehölz und näherten sich der Stelle. Wie beschrieben lag dort tatsächlich ein offener Rucksack und neben anderen Gegenständen auch ein blutbeflecktes T-Shirt. Umgehend wurde die Polizei gerufen, denn es bestand die Möglichkeit, dass sich hier jemand befunden hatte, der dringend ärztliche Hilfe brauchte. Hier kamen sehr schnell die Hunde ins Spiel. Wir wussten nicht genau, wer, wann und wie schon den Rucksack und die Gegenstände angefasst hatte, denn es war auch deutlich, dass der Rucksack schon durchwühlt worden war. Auch wenn die Polizisten natürlich vorsichtig dabei vorgegangen waren. Sie hofften, einen Hinweis auf die Person zu finden, die vermutlich mit diesem Rucksack vor Ort war und das Blut verloren hatte. Im Rucksack befand sich auch eine angebrochene, aber verschlossene Flasche. Wir öffneten die Flasche und nahmen einen Abrieb vom oberen Rand in der Hoffnung, dass die vermisste Person, und nur diese Person, direkt aus der Flasche getrunken hatte. Denn einen Becher oder ein anderes Gefäß hatten wir nicht gefunden. Ungewohnt war für uns, dass es mitten Tag und die Sicht gut war. Der Abrieb sollte als Rückfalllinie fungieren. Angesetzt haben wir direkt an dem blutverschmierten T-Shirt neben dem Rucksack in der Erwartung, dass der vorhandene Geruch sozusagen sortiert wird. Im Hintergrund konnten wir schon die Glocken der Flächenhunde hören, die den Nahbereich mit Park, Wiesen und Waldstücken absuchten. Unser „Treiben" am hellen Tag in einem stark frequentierten Gelände in nächster Nähe zu Wohngebieten rief natürlich vielfaches Interesse hervor. Ebenso wie der Einsatzleitwagen (ELW) und die auf dem Grünstreifen parkenden Peterwagen sowieso. Jogger, Fußgänger, Hundehalter und Menschen jeglichen Alters bewegten sich auf der Fläche und blieben stehen, um sich nach dem Grund des Einsatzes und der vielen Hunde zu erkundigen. Aber keine dieser Personen hatte irgendetwas beobachtet, was für uns von Interesse hätte sein können.

Unser Startplatz war mit Flatterband markiert und somit leicht zu finden. Shania hatte sowohl T-Shirt als auch die Flasche als Geruchsvorhalt genommen und war auch gleich gestartet – den Trampelpfad entlang und auf die Wiese. Dort kam ein nicht angeleinter Hund auf uns zugeschossen. Die freundlich zugerufene Bitte, doch den eigenen Hund zurückzurufen, wurde ignoriert und nur geantwortet: „Das hier ist eine Hundefreilauffläche und mein Hund darf das!". Wir wiederholten die Bitte nochmals – allerdings nicht mehr so nett. Der Hund hatte Shania mittlerweile erreicht und hatte definitiv ein Problem mit angeleinten Hunden. Dass wir vielleicht nicht einfach so aus Langeweile auf der Wiese rumlungern, hat die Person überhaupt nicht interessiert oder womöglich gestört. Mittlerweile hatte einer der Beamten, der sich bisher im Hintergrund gehalten hatte, der Person genähert. Mit Dienstgesicht wurde die Dame aufgefordert, ihren Hund anzuleinen und das Gelände zu verlassen. Ansonsten würde ein Platzverweis ausgesprochen werden. Wir konnten alle sehen, dass die Dame Luft holte, um dagegen anzugehen, als der Ton, in dem sie zum Gehen aufgefordert wurde, deutlich an Schärfe zunahmen. Und hier hatte sie es wohl endlich verstanden – oder auch nicht, denn am Rand der Fläche beschwerte sie sich lauthals über Polizeiwillkür und Staatsgewalt. Achselzuckend haben wir nur Blicke gewechselt. Manchmal lohnt es sich nicht, sich zu ärgern oder aufzuregen. Shania stand noch immer ruhig neben mir auf der Wiese. Ich forderte sie zum Weitersuchen auf und sie lief in U-Form wieder in Richtung Startplatz. Das war also mal nichts. Die ersten Rückmeldungen aus der Fläche gingen ein, allerdings mit Freigabe des jeweiligen Suchgebietes.

Nochmals Shania anzusetzen erschien uns nach diesem Auftritt wenig zielführend. Also setzten wir Google an. Er zog vom Startplatz energisch weg und folgte mit deutlichem Zug dem mit Flatterband markierten Pfad in Richtung auf die Grünfläche – um mitten auf der Fläche ebenso deutlich stehen zu bleiben. Dann drehte er einen Kreis in Leinenlänge und trabte halbherzig in Richtung Straße. Noch ein kurzes Stück auf der Straße, um dann schnell nach rechts und etwas zögerlicher nach links abzubrechen. Auch die Überprüfung der anderen Abgänge zeigte lediglich schnelle Negative. Was blieb uns anderes übrig, als die Suche hier und jetzt mal wieder zu beenden?

Am nächsten Tag stellte sich heraus, dass unsere vermisste Person sich vor drei Tagen in diesem Waldstück selbst mehrere stark blutende Wunden beigebracht hatte. Mit den noch verbliebenen Kräften schleppte sie sich bis zur Wiese, um dort von Passanten gefunden zu werden. Der herbeigerufene RTW fuhr bis mitten auf die Grünflache, damit die dort liegende Person erstversorgt werden konnte. Die Fahrt ins Krankenhaus führte dann – die Straße nach links entlang. «

Wie sich hier gezeigt hat, schrecken manche Personen vor so ziemlich nichts zurück – völlig unbeeindruckt davon, was gerade in der unmittelbaren Umgebung geschieht. Und vielleicht nicht unbedingt dazu passend, was im Kopf vorgeht. Für diese Fälle ist es wichtig, dass Hund und Hundeführer souverän mit Störungen auf der Spur umgehen können, dass der Hund die Arbeit fortsetzt und auch der Hundeführer die Nerven behält. Sich über die Situation zu ärgern oder sich auf einen verbalen Schlagabtausch einzulassen bringt einen nicht weiter und stört die für eine gute Suche notwendige Ruhe. In solchen Fällen kann ein erfahrener Helfer zur Seite stehen. Dessen Aufmerksamkeit ist, noch mehr als beim Flanker, in die Umgebung gerichtet. Sollte sich eine wie oben geschilderte Situation anbahnen, kann der Helfer sie im Vorfeld klären oder entschärfen.

Umgang mit Presse und anderen Neugierigen

» *Und wieder kam die Alarmierung zu einem für uns günstigen Zeitpunkt. Wir hatten ausgeschlafen, die Hunde bewegt, spät gefrühstückt und waren gerade auf dem Weg zum Training, als das Telefon klingelte. Gesucht wurde ein junger Mann, der morgens zwar zur Arbeit gekommen, aber danach verschwunden war. Auf dem Weg zum Einsatzort, natürlich mal wieder mitten in der Innenstadt, lief das Radio. Neben dem üblichen Gedudel der Charts rauf und runter, den witzig gemeinten Sprüchen der Moderatoren und den für die Fahrt wichtigen Verkehrsnachrichten gab es natürlich auch regionale Nachrichten. Zuerst war ich nur mit einem Ohr dabei – bis dann so ungefähr folgende Nachricht durchgegeben wurde: „An der Kehrwiederspitze wird seit den Morgenstunden ein Mitglied einer Filmcrew vermisst. Polizei und Feuerwehr suchen mit Booten und Tauchern die Elbe ab". Oha, das hörte sich nach unserem Einsatz an. Genauso war es dann auch. Der Vermisste wurde als sehr zuverlässig und engagiert geschildert, was einen Unglücksfall vermuten ließ. Deshalb auch Boote und Taucher, die aber niemanden gefunden hatten. Was bei der Strömung und den Gezeiten auch schwierig sein kann. Wir sollten also klären, ob die Suche im Wasser oder eher an Land weitergehen sollte. Mittlerweile war es früher Nachmittag und das Gelände füllte sich mit Passanten. Einige wollten einfach nur bummeln, bei anderen stand ein Besuch der Elphi auf dem Plan. Und dann war unser Startpunkt ausgerechnet das Gebäude der Wasserschutzpolizei-Revier WSP 62, das in der Fernsehserie das „PK 21" darstellt. Wie soll man denn auch wissen, dass dies hier „echt und in Farbe" stattfand? Da wurde es für den uns begleitenden Beamten schon schwierig, die neugierigen Passanten in Schach zu halten. Wir ließen uns aber durch die Fragen nicht ablenken. Hubble, tiefenentspannt wie immer, auch nicht. Selbst dann nicht, als er auf dem windigen Gelände die Abgänge checkte und sich für den Weg über die Brücke Richtung U-Bahn entschied. Hubble bahnte sich den Weg durch die Passanten, die uns dicht an dicht gedrängt entgegenkamen und zeigte sich kein Stück irritiert. Ich durfte mit kurzen Sätzen klären, dass es sich hier NICHT um irgendwelche lustigen Szenen für die Serie handelt, sondern dass unsere Suche einen ernsten Hintergrund hatte.*

Nachdem die Suche schon in den Medien publik gemacht worden war, war es natürlich kein Wunder, dass uns ein Fotograf bei der Suche begleitete und immer wieder nach unseren Namen fragte. Oder wenigstens dem Namen des Hundes! Wir verwiesen auf die Polizei und das war es dann für uns. Die Suche ging tatsächlich in Richtung der U-Bahn-Station. Treppauf und treppab, dann aber auf das Gebäude eines großen Verlages zu und vom Hafen weg in Richtung Innenstadt. Dann kam auch schon der Abpfiff! Die Polizei hatte unsere vermisste Person über Handy erreicht und sie war wohlauf.

Im Vorfeld sollte also geklärt werden, welche Informationen durch wen und in welcher Form an die Öffentlichkeit weitergegeben werden können oder sollen. Der Name des Hundes ist dabei irrelevant und dass eine vermisste Person gesucht wird, war bereits bekannt. Wenn aber die Suche noch nicht medienwirksam bekannt ist, dann kann eine Information der Anwohner oder Passanten weitere Erkenntnisse bringen. Der Regelfall sollte aber sein, dass an die Polizei vor Ort, die Pressestelle der Polizei oder den Einsatzleiter verwiesen wird. Schließlich soll die Suche auch zügig fortgesetzt werden. Auf keinen Fall sollte der Wunsch nach Ruhm oder Ehre dazu führen, dass die Presse über einen Einsatz informiert wird. Es sollte Standard sein, dass Einsatzkräfte zur Verschwiegenheit verpflichtet werden. Weder Details über Einsätze noch Fotos sollten öffentlich bekannt gemacht werden.

Chattanooga Choo Choo[74]

Eine Bahnlinie sollte nur im Ausnahmefall gesperrt werden, denn es handelt sich um einen gravierenden Eingriff in den Personenverkehr. Sollte es unumgänglich sein, dann wendet sich die Polizei an die jeweils zuständige Netzleitzentrale. Im Nahverkehr können die Züge hin- und herpendeln, aber im Fernverkehr geraten die Umlaufpläne komplett durcheinander. Sie legen fest, wann welche Zuggarnitur mit welchem Personal wo zu sein hat und beziehen auch andere Länder mit ein. Daher können Umläufe im Fernverkehr durchaus einige Tage dauern. Wenn durch eine Streckensperrung diese Abfolge nicht wie geplant durchläuft, kann es einige Tage dauern, bis es wieder läuft wie gewohnt. Und: In den wenigsten Fällen nehmen vermisste Personen für längere Zeit einen Weg am oder womöglich sogar im Gleisbett.

74 *Text Mack Gordon, Musik Harry Warren. Bekanntgeworden durch Glenn Miller und eine Coverversion von Udo Lindenberg (Sonderzug nach Pankow)*

16. Ende! Alles gut?

Und aus

Nicht immer wird die vermisste Person während der Anfahrt oder der Suche gefunden. Nicht immer endet die Suche an einer Bus- oder Bahnhaltestelle. Manchmal endet eine Suche mit einem Fund.

Wunderschön, wenn die Person lebend gefunden und nach der Erstversorgung dem Rettungsdienst übergeben wird. Die Erstversorgung beschränkt sich in den meisten Fällen auf den Wärmeerhalt und die psychosoziale Betreuung. Selten kommen die in der Sanitätsausbildung gelehrten Inhalte tatsächlich zur Anwendung. Es geht eher nicht um die Frage, ob hier ein Fall von Asthma, Pseudokrupp oder Epiglottitis vorliegt. Das Aufrechterhalten der Vitalfunktionen ist das Primat der Stunde! Zumal in den meisten Suchen, gerade im urbanen Gelände, der Rettungsdienst schnell vor Ort ist oder die Suche womöglich im Abstand begleitet.

»

Ich brauche wohl nicht extra zu erwähnen, dass es mitten in der Nacht war, als wir wieder zu einem Einsatz gerufen wurden. Es war an einem Samstagabend. Gut für uns, denn das hieß Ausschlafenkönnen am nächsten Tag. Vermisst wurde ein Jugendlicher mit Downsyndrom, der beim Pilzesammeln verlorengegangen war. Wir hatten allerdings versäumt, uns eine genaue Personenbeschreibung geben zu lassen – was sich in dieser Nacht noch rächen sollte. Er sollte recht auffällig gekleidet sein. Mehr Informationen hatten wir zu diesem Zeitpunkt noch nicht. Wozu auch? Nun ist es so, dass in der Nacht von Samstag auf Sonntag sehr viele Personen unterwegs sind. Sei es zu Fuß, mit dem Fahrrad oder wie auch immer. Wir fuhren durch etliche Orte, in denen sich mehr oder weniger betrunkene und sich mehr oder weniger merkwürdig benehmende Personen auf den Straßen tummelten. Kurz vor dem verabredeten Treffpunkt, ich hatte die Polizei bereits von unserem Eintreffen informiert, sagte mein Mann: „Guck dir mal diesen Menschen in der Bushaltestelle an, der sieht aber richtig komisch aus!“ Meine Antwort an dieser Stelle: „Wenn wir in der Nacht von Samstag auf Sonntag jede merkwürdig aussehende Person in unseren Bus packen, dann wäre der im null Komma nichts voll!“ Als wir keine Viertelstunde später am Einsatzort ankamen und uns die vermisste Person beschrieben wurde, sagten wir wie aus einem Mund: „Die ist schon gefunden!" Polizisten und der Abschnittsleiter der Flächenhunde blickten uns irritiert an. In diesem Moment klingelte auch schon ein Funkgerät. Die von uns angerufenen Polizisten hatten sich von der Wache aus auf den Weg gemacht und fuhren, genau wie wir vor einige Minuten vorher, an der Bushaltestelle vorbei, sahen dort die vermisste Person und gaben sofort die Meldung durch. «

Seitdem haben wir uns immer schon vor der Anfahrt eine kurze Personenbeschreibung geben lassen. DAS sollte uns nicht noch einmal passieren! Es sollen auch schon Personen gefunden worden sein, die noch nicht einmal als vermisst gemeldet worden sind. Aber wenn man des Nachts eine Person im Schlafanzug auf einer Verkehrsinsel stehen sieht, dann sollte man schon anhalten und nachfragen.

Auch an dieser Stelle kann eine Suche enden – und das Ergebnis dürfte dann klar sein.

Weniger schön ist es, wenn die Person schon tot ist. Nur – als Einsatzkraft muss mit diesem Ende „gerechnet" werden. Eines sollte aber klar sein: auch wenn die vermisste Person nicht mehr lebend gefunden wird, so haben die Angehörigen Gewissheit über den Verbleib. Sie können um die Person trauern und Abschied nehmen. Das ist immer noch besser, als wenn der Verbleib ungewiss ist und immer noch der Schimmer von Hoffnung besteht.

Und besser, Einsatzkräfte, die damit rechnen und mit dieser Situation professionell umgehen können, finden die Person, als nichtsahnende Unbeteiligte beim Pilzesammeln, Sonntagsspaziergang oder womöglich spielende Kinder.

Wobei es schon einen Unterschied macht, ob eine Person nach kurzer Zeit bei Frost gefunden wird – oder ob sie schon mehrere Tage bei feuchtem und warmem Wetter im Freien gelegen hat.

Wer es als Hundeführer schon als traumatisch empfindet, wenn die vermisste Person von anderen Personen tot aufgefunden wird, also selber nicht einmal in der Nähe des Fundortes war, der sollte sich ernsthaft fragen, ob er wirklich geeignet ist. Oder ob nicht doch das „Wichtigsein" der eigenen Person im Vordergrund steht.

Und wieder mal – Abbruch

So kalt wie in dieser Nacht ist es hier selten. Und das bedeutet, dass die Gefahr für die vermisste Person noch höher war als sonst. Eine Familie hatte die Mutter zu Besuch, die kein Wort Deutsch sprach und dement war. Einmal nicht richtig aufgepasst und schon war die Dame verschwunden. Das Sichern von Geruchsvorhalten im Beisein der Familienangehörigen ist nie eine einfache Sache. Wenn man dann noch merkt, wie dicht die Emotionen der Kinder und Enkel unter der gefassten Miene liegen, dann wird es auch nicht einfacher. Die Flächenhunde waren schon gestartet. Die ersten Teams kamen bereits aus den umliegenden Parkanlagen und Grünflächen zurück. Unser Geruchsvorhalt war gut und der Start des ersten Hundes gut und zügig. Zielstrebig ging die Suche durch die Grünanlage, die sich zwischen den Häusern ausbreitete. Ein kurzer Abstecher in die Richtung eines Sportplatzes, dann ging es in der ursprünglichen Richtung weiter. Wir waren guter Dinge, bis Shania zielstrebig auf eine Hundeführerin zusteuerte, die sie aus dem Training kannte. Solche Situationen sind selten schön – bringen sie doch noch mehr Unsicherheit und Fragen in die Suche. Wir hielten uns hier aber nicht lange auf, denn die Suche ging zügig weiter. Der nächste Aufenthalt war an einer Mülltonne, doch auch danach ging es zügig weiter über eine Kreuzung bis zu einem griechischen Imbiss. Dort war die Dame aber leider nicht eingekehrt. Aber auf der anderen Straßenseite war eine Grünanlage, die noch nicht abgesucht worden war. Das hieß für einige Flächenhundeführer, dass sie ein neues Suchgebiet zugeteilt bekamen und nochmals in die Suche gehen durften. Bis hierhin waren wir uns eben sicher! Ein Blick über die Kreuzung zeigte die mittlerweile obligatorische Bushaltestelle. Nachdem wir hier nicht weiterkamen und auch die Suchgebiete der Flächenhunde freigegeben wurden, gingen wir alle zurück zum ELW, um die weitere Vorgehensweise zu besprechen. Für die Flächenhunde wurde die Suche als beendet erklärt und sie durften abrücken. Wir wollten das Ende an der Bushaltestellte überprüfen. Denn in der Zwischenzeit war es noch kälter geworden und die Chancen für die vermisste Person wurden nicht besser. Es war deutlich zu sehen, dass die Fassade der Beherrschung der Familienangehörigen schon erste Risse bekam. Der Leitstand der Verkehrsbetriebe wurde nachdrücklich gebeten, die Busfahrer der von uns identifizierten Linie erneut anzufunken. Auch der zweite Hund hatte mittlerweile das Ende an der Bushaltestelle bestätigt. Ohne Zwischenstopps bei bekannten Personen oder Mülltonnen. Jetzt fiel uns auch nichts mehr ein. Vom ELW aus war in der Zwischenzeit schon das Kriseninterventionsteam (KIT) informiert worden. Bis zu dessen Eintreffen, so hatten wir zugesagt, könnten wir die Zeit noch mit Aktivitäten füllen. Und noch bevor wir dann überhaupt nichts mehr hätten machen können, kam die erlösende Nachricht von den Verkehrsbetrieben. Die vermisste Dame war leicht unterkühlt, aber noch recht munter in einem Buswartehäuschen an einem größeren Knotenpunkt aufgefunden worden. Selten waren wir über die Worte: „Ihr könnt jetzt abrücken“ so erleichtert wie bei dieser Suche. Und selten haben wir nach einer Suche so auf dem Heimweg gefroren wie bei dieser.

Auch wenn, anders als meistens im Training, eine reale Suche ohne direkten Fund endet, so sollte doch eine Belohnung erfolgen. Schließlich hat gerade der Hund eine bemerkenswerte Leistung gezeigt, die belohnt werden sollte. Auf jeden Fall dann, wenn sich noch während oder am Ende der Suche der Abbruch als richtig herausstellt. Es stärkt die Verbindung im Team und erhält die Motivation.

Motivation erhalten – hinterher

Auch wenn eine kleine Suche nach einem Abbruch der Motivation gut tut, sofern das Team nicht erschöpft und ausgelaugt ist, so bietet sich nicht immer die Gelegenheit dazu. Da sind die Flächenhunde und die Einsatzleitung schon abgerückt, weil die Person gefunden oder die Suche abgebrochen ist und auch die Polizisten und Feuerwehrleute möchten bitte abspannen. Und schon stehen die Teams der PSH alleine in der Botanik oder an der Straße. Eine kurze Sequenz mit einer bekannten Person kann auch zu Irritationen führen und nicht immer stehen Unbeteiligte zur Verfügung, die nach dem Einsatz noch eine weitere, wenn auch abgesprochene Suche, durchführen möchten.

Für Hunde, die einen Großteil ihrer Motivation aus dem simplen Verfolgen der Spur beziehen, ist dieses Ende auch bei häufigerer Wiederholung nicht dramatisch. Für andere Hunde schon! Neben der Aufgabe, immer wieder den Hund zu „motivieren“, sollte eher die Frage im Raum stehen, ob dieser Hund wirklich für den Einsatz geeignet ist.

Auch mal ein Ende finden

So unbefriedigend es auch ist – manchmal ist es besser, eine Suche abzubrechen, solange das Team sich noch sicher sein kann. Fatal wäre es, wenn einfach weitergemacht würde und das Ergebnis womöglich keine Aussagekraft mehr hätte. Wie heißt es so schön: Nach müde kommt blöd!

Wenn alle weiteren möglichen Vorgehensweisen ausgeschöpft oder nicht möglich sind, dann ist ein „mehr desselben“ nicht mehr zielführend und die Suche sollte abgebrochen werden.

Nicht nur, aber besonders am Ende einer Suche stellt sich die Frage, wie die gewonnenen Erkenntnisse formuliert werden. Vor dem Hintergrund, dass dem Geruch gefolgt wird, sind Aussagen wie: „Die Person ist mit dem Bus gefahren“ oder „Die Person hat hier im Café gesessen“ eine Interpretation der Situation. Richtiger wäre eine Formulierung wie: „Der Hund zeigt an, dass es für ihn von hier aus weitergeht. Es könnte sein, dass die Person in den Bus, in ein Taxi oder in ein anderes Auto eingestiegen ist“. Solange nicht gesichert vorliegt, dass die Person tatsächlich den Bus genommen hat, bestehen weitere Möglichkeiten. Beamen mal ausgeschlossen.

17. Nachbereitung

Was ist da passiert?

Die aktuelle Alarmierung führte uns diesmal in eine Kleinstadt. Wir sollten eine Dame suchen, die sich wegen Depressionen und Suizidankündigung in stationärer Behandlung in einer psychiatrischen Einrichtung aufhielt. Sie hatte ohne Angabe eines Ziels am Tag zuvor das Gebäude verlassen und war nicht wieder zurückgekommen. Umfangreiche Suchmaßnahmen im Gebäude und auf dem Gelände der Einrichtung waren ohne Erfolg geblieben. Daher kamen wir am nächsten Tag zum Einsatz. Das Sichern eines Geruchsvorhalt war wie immer in Einrichtungen dieser Art nicht unbedingt eine einfache Angelegenheit. Da auch diese Einrichtung wieder über mehrere Ausgänge verfügte, setzte ich Shania direkt auf dem Flur vor dem Zimmer an. Sie nahm zügig die Spur auf, checkte die Flure ab und entschied sich dann, an der Tür zum Treppenhaus stehenzubleiben. Mein Flanker öffnete die Tür und mit Zug ging es auch die Treppe hinunter. Nachdem wir durch den Haupteingang auf den Parkplatz gelangt waren, wurde sie relativ vage, drehte sich nach links und rechts und kreiselte mehrmals, immer mit der Tendenz nach links. Für mich stand damit fest: Die Dame hat die Einrichtung durch den Haupteingang verlassen.
Wir setzten dann Hubble am Haupteingang an, der sich sofort für den Weg über den Parkplatz entschied, an allen möglichen Abzweigungen vorbeilief und die Spur mit tiefer Nase die Straße weiter entlang verfolgte – bis aus dem Ort heraus. Doch gleich hinter dem Ortsausgangsschild wurde er auch wieder langsamer, die Rute ging herunter und das Suchverhalten war nicht mehr so deutlich wie vorher. Hier mussten wir wieder eine Entscheidung treffen. Ihn zum Weitersuchen aufzufordern und ein paar Meter weiter zu führen änderte nichts, und noch mehr Aufforderung hätte auch nichts mehr gebracht. Also fiel die Entscheidung: Die Ausgangsrichtung haben wir bestimmt und hier geht es nicht weiter. In dieser Richtung ist das Ende erreicht. Schon die ganze Zeit über hatten wir der uns begleitenden Polizistin mitgeteilt, was wir sahen und durch die Leine auch spürten. Im Laufe der Suche konnte auch sie das Suchverhalten und die Abbruchsignale erkennen und bewerten. Die Abstimmung war damit schnell getroffen – zurück zu unserem Auto und umsetzen.

Shania setzten wir dann zwei Querstraßen weiter vorn an. Die Aufnahme der Spur war deutlich zu erkennen. Die erste Querstraße ließ sie links liegen – in die zweite bog sie zielstrebig hinein und lief sie auch entlang. Auch ein schönes Zeichen für uns: soweit waren wir richtig – und sie verfolgte nicht die Spur des ersten Hundes, eine Möglichkeit, die im Hinterkopf irgendwann dann doch mitschwingt. Am Ende der Straße bogen wir gleich nach rechts ab und gleich darauf in einen kaum sichtbaren Trampelpfad ein. Das Tempo veränderte sich deutlich, der Zug nahm zu. Wir sahen uns nur an – es war klar zu erkennen, dass der Geruch hier deutlicher wurde. Ich hatte es gedanklich schon als Annäherungsalarm interpretiert. Wir liefen direkt auf eine große, alte Eiche zu. In den ersten Astgabelungen war eine Art Baumhütte und zwischen den Wurzeln ein abgedecktes Erdloch zu erkennen. Einmal tief durchgeatmet – und nichts! Keine Person zu sehen. Nicht in dem Erdloch und nicht in dem Baumhaus. Und doch war da ein deutliches Anzeigeverhalten.

Nach einer kurzen Besprechung gingen wir dann wieder auf den Trampelpfad zurück und Shania nahm die Suche wieder auf. Der Pfad führte wieder zurück auf den Hauptweg, dann kamen wir durch eine kleine Siedlung und nach einer Straßenüberquerung ging es eine ganze Weile einen Feldweg entlang. Wie sich herausstellte, hatte unsere vermisste Person lange Zeit mit ihrem ehemaligen Lebensgefährten in einem Haus gewohnt, auf das dieser Feldweg zulief. So ganz falsch konnten wir also nicht liegen! Die Rahmenbedingungen waren gut, es war relativ kalt, feucht und windstill. So ging es weiter den Feldweg durch einen Wald entlang. Der Wald lichtete sich und – in dem Tümpel, der sich jetzt unseren Blicken bot, schwamm eine blaue Jacke! Sollte es das gewesen sein? Es sah nicht wirklich danach aus, als ob in der Jacke noch eine Person steckte, aber überprüfen wollten wir schon. Das Ufer war leider sehr steil und das

Wasser trübe. So einfach wollte dann doch keiner von uns bei diesen Bedingungen in ein uns unbekanntes Gewässer hineinsteigen. Die im Wald liegenden Äste waren zu kurz, um die Jacke zu greifen und an Land zu ziehen. Auch unsere Versuche, mit einem an die Leine gebunden Stock die Jacke zu treffen, scheiterten samt und sonders. Was blieb, war der Anruf bei der örtlichen Wehr. Die Jungs und Deerns wären sicherlich lieber an der österlichen Kaffeetafel sitzen geblieben, so aber trugen sie das Boot über Stock und Stein von einer weiter oben gelegenen Straße bis zum Tümpel. Und schnell war klar, dass tatsächlich nur eine Jacke im Wasser schwamm. Und auch Stochern im Grund brachte nichts Weiteres zu Tage.

Parallel ließ ich Shania weitersuchen und nach einer Ehrenrunde um den Tümpel ging sie den Weg entlang, auf dem die Feuerwehr gekommen war. Sie blieb an der Einmündung zur größeren Straße stehen, sondierte die Richtungen, entschied sich dann für links und blieb an einer Bushaltestelle stehen! Wie sich herausstellte, fuhr der Bus von hier wieder in Richtung Klinikum. Sollte es wieder mal an einer Bushaltestelle enden?

Zur Sicherheit zogen wir dann das Auto nach und überprüften alle möglichen Richtungen von hier und auch vom Tümpel aus. Aber alles endete an der Haltestelle. Nach zwei Tagen wurde die Dame auf dem Gelände der Klinik aufgefunden. Und für uns blieb die Frage offen: Wurde sie bei den vorangegangenen Suchen auf dem Gelände sozusagen übersehen? Oder hatte sie das Gelände tatsächlich verlassen, altbekannte Orte aufgesucht und war dann mit dem Bus wieder zurück in die Klinik gefahren? Wo hatten wir vielleicht etwas übersehen? Wir werden es niemals wissen. Das ist eine Sache, über die nicht leichtfertig hinweggegangen werden kann und die uns immer noch beschäftigt.

Wie nach jedem Training sollten besonders nach jedem Einsatz die Frage gestellt werden:

- Was ist gut gelaufen und wird beibehalten?
- Was ist ziemlich gut gelaufen und sollte modifiziert werden?
- Was ist nicht gut gelaufen und was wird deshalb beim nächsten Mal anders gemacht werden?

Training nach dem Einsatz

Ein Training nach einem Einsatz bietet nicht nur die Möglichkeit, die Motivation von Hund und Hundeführer aufrechtzuerhalten, sondern auch, Auffälligkeiten zu überprüfen und bestimmte Themen zu schärfen.

Mit der einfachen Frage: „Was ist gut gelaufen und was mache ich nächstes Mal anders?“ wird der Fokus nicht auf ein Problem, sondern auf die Lösung gerichtet. Wie schnell kommt es gerade bei häufig angeforderten Teams dazu, dass Training vernachlässigt oder nicht mehr mit der gebotenen Aufmerksamkeit durchgeführt wird.

Wichtig ist auch hier, sich selbst gegenüber ehrlich zu bleiben und sich immer wieder zu fragen:

1. Sind die im Training gelaufenen Trails zu 80 % (oder mehr) gut bis sehr gut?
2. Wechseln die Trainingsgebiete?
3. Wechseln die Versteckpersonen?
4. Wird vornehmlich in den Bereichen trainiert, in denen später die Einsätze stattfinden?
5. Bilden die Trainer sich extern fort?
6. Hat der Ausbilder seinen eigenen / andere Hunde erfolgreich ausgebildet?
7. Findet ein Austausch mit anderen Staffeln / Gruppen / Personen statt?
8. Wird die Prüfung durch eine fremde externe Person abgenommen?

Oder einfacher gefragt: Erfüllt das Team noch die Voraussetzungen? Eine Überprüfung im Double Blind ist hier häufig ausreichend. Es muss keine lange oder spektakuläre Übung sein. Häufig reichen einige hundert Meter und wenige Entscheidungen komplett aus.

Gerade für Hunde, die im Einsatz eher weniger Erfolge haben, ist es wichtig, auch einmal schnell und einfach zum Erfolg zu kommen.

18. Von Gurus, Katzenvideos und Selbstdarstellern

Die Typologie der Rettungshundeführer

Der absolute Herrscher

Ist durch seine Anwesenheit legitimiert. In seiner Gegenwart hat das Volk zu schweigen und die Entscheidungen ohne Widerworte zu akzeptieren. Oder besser noch – in vorauseilendem Gehorsam umzusetzen. Der absolute Herrscher erwartet die unbeschränkte und ungeteilte Macht. Zu erkennen ist er daran, dass er die Gruppe über Jahre führt, die Kontakte nach außen über ihn laufen und alles auf ihn zugeschnitten ist. Für Ideen oder Anregungen von anderen ist er wenig aufgeschlossen, Palastrevolten werden abgeschmettert. Denn in einem solchen System gibt es auch genügend Personen, die mit ihrer Rolle als Untertan durchaus zufrieden sind oder sich mit dem System arrangiert haben (Stockholm-Syndrom).

Der Guru

zeichnet sich durch ähnliche Strukturen wie der „absolute Herrscher“ aus. Hier kommt noch der Anspruch auf die Führung (der gesamten Rettungshundeszene) und das Dogma der Unfehlbarkeit hinzu. Nur er ist im Besitz der einzig seligmachenden Wahrheit und alle, die nicht seiner Lehre anhängen und folgen, werden der ewigen Verdammnis anheimfallen. „Es ist eine Tatsache, die mir in meiner praktischen Arbeit immer wieder überwältigend entgegentritt, dass der Mensch nahezu unfähig ist, einen anderen Standpunkt als seinen eigenen zu begreifen und gelten zu lassen.“[75]

75 C.G. Jung

Und auch für diese Personen finden sich genügend Jünger, die an den Lippen des Gurus hängen und der von ihm verkündeten Lehre blindlings folgen. Sei es der Aufbau über Entdecker-Trails, Eigensuche, Fährten oder Geruchsdifferenzierung. Wenn dem so ist – müssten dann die nicht die „Jünger" Prüfungen signifikant häufiger und auch schneller bestehen? Müssten sie nicht auch signifikant erfolgreicher arbeiten? Dem ist aber nicht so. Was in den Weiten der Vereinigten Staaten oder des schottischen Hochlandes zielführend ist, muss es in den enger bebauten und dichter besiedelten Regionen Deutschlands nicht sein. Und „wenn die hehre Ideologie Schiffbruch erleidet, verbleibt als letzte Erklärung der Hinweis auf die Mächte der Finsternis."[76]

Eigene Ideen und Meinungen sind hier nicht gefragt – der Lehre ist bedingungslos zu folgen. Für die „Jünger" hat es auch diverse Vorteile, einer Lehre zu folgen: es ist klar definiert, was richtig und was falsch ist, und es erspart das Nachdenken und Hinterfragen. Wegbeißer wollen keine Zusammenarbeit mit anderen Personen oder neue Mitglieder in ihrer Gruppe. Neue Leute könnten ja an den Strukturen der bestehenden Gruppe zweifeln und neue Sichtweisen anregen. Womöglich sind sie auch noch kompetent und stellen vielleicht Personen und Vorgehensweisen in Frage. Alleine dadurch, dass die da sind, ändert sich das System. Und das darf nicht sein – man hat sich doch so schön arrangiert und jedem seine Rolle zugedacht.

Der Superheld

ist die Steigerung von Erklärbär, Besserwisser und Alleskönner. Ähnlich wie die aus Comics bekannten Figuren erscheint er unaufgefordert und quasi aus dem Nichts in einem heldenhaften Auftritt. Wenn er vor Ort ist, so der Nimbus, mit dem er sich umgibt, wird das Problem umgehend gelöst. Alle anderen Helfer werden zu Statisten degradiert. Er kommt und rettet die Welt. Andere Personen werden nur in der Rolle der devoten Helfer oder als Claqueure benötigt. Und solange sie ihren Beifall bekommen, können sie, ähnlich wie Narzissten (denen eigentlich ein eigentlich ein eigener Abschnitt zustehen würde), auch sehr charmant sein. Absprachen oder Erklärungen sind unnötig und Zeitverschwendung, denn nur durch ihn wird die Situation bereinigt und nur er kann diesen schwierigen Weg gehen. Ihn gibt es auch in der Variante Cowboy (diesmal ohne Polizisten, Bauarbeiter, Indianer, Rocker und Soldat). Die Superhelden haben so viele Erfolge, die ihnen von anderen geneidet werden.

76 Paul Watzlawick

Konsequenterweise brauchen sich Superhelden auch nicht an Regeln zu halten. Deshalb findet man sie auch häufig außerhalb von Staffeln, da sie sich gerne ihre eigenen Regeln geben und jede Form von Überprüfung von außen ihnen nicht gerecht wird.

Was die absoluten Herrscher, die Gurus und die Superhelden eint: sie haben es nötig!

Sowohl der „absolute Herrscher" als auch der „Guru" und der „Superheld" sind häufig Personen, die stark auf sich bezogen sind. Sie sind auf die permanente Bewunderung von außen angewiesen und sehr geschickt darin, diese Bewunderung zu erreichen und Kritik nicht an sich heranzulassen. Dabei handelt es sich meistens um eine unrealistisch positive Selbsteinschätzung, die mit mangelnder Wertschätzung anderen gegenüber einhergeht. Gesprochen wird fast nur über sich selbst, und das in einer überhöhten Art. Fehler werden nicht gemacht, denn Schuld sind immer die anderen. Oder die Sonnenwinde.

Der Katzenvideogucker

„Das Internet wurde nur erfunden, um lustige Katzenvideos zu teilen"[77] kommt besonders in Gruppen mit überwiegen weiblichem Anteil vor. Das gemeinsame Gucken von putzigen Videos wird höher geschätzt als der fachliche Austausch oder die kritische Betrachtung der aktuellen Leistungen. Kommt häufig in Verbindung mit „wir haben keine Konflikte" vor. Durchaus vorhandene Konflikte werden mit Zuckerguss zugekleistert und damit vordergründig versteckt. Diesen Gruppen macht es auch nichts aus, wenn mal eine Prüfung nicht bestanden wird oder die Zahl der Einsätze gegen Null tendiert. Hier stehen der Austausch untereinander und die – angeblich – gute Kameradschaft im Vordergrund. Damit aber die Gruppe weiterhin zusammengehalten werden kann, wird der Feind im Äußeren benötigt, um die Spannungen nach außen zu leiten.

Der Unsichtbare

kommt ganz selten vor. Er tritt kaum in Erscheinung, weil er die Bewunderung von außen nicht benötigt und keine Lust hat, sich mit anderen zu messen. Wichtig ist

77 *Mark Beneke bei einem Vortrag in Lübeck*

ihm eine realistische Beurteilung der eigenen Leistung und eine stetige Weiterentwicklung. Er ist neugierig und offen für Anregungen, Ideen und kritische Fragen. Er verfügt über viel Wissen, aber nicht über absolute Wahrheiten. Aus dem Wissen und der Erfahrung heraus kann er aber situativ vieles erfolgreich entwickeln.

Kaum zu glauben

„Zwei Dinge sind unendlich: das Universum und die menschliche Dummheit. Aber beim Universum bin ich mir nicht ganz sicher.“[78]

Keine zwei Kilometer vor dem Treffpunkt am Seniorenheim klingelte das Telefon. Statt des erwarteten Abbruchs gab es eine weitere Information vom Technischen Einsatzleiter, diesmal serviert mit einem leichten Unterton. Wir sollten wissen, dass bereits andere Mantrailer vor Ort waren. Komisch, wo die überall auftauchen, wo doch unser Einsatz über die offiziellen Kanäle lief. Aber man kennt diese Art Glücksritter ja mittlerweile. Leider. Am Einsatzleitwagen wurde uns dann das bisherige Ergebnis präsentiert: ALLE Hunde hatten sich vom Zimmer der vermissten Person aus in Richtung Straße orientiert. Dann waren drei Hunde nach links in Richtung Grünanlage gelaufen und drei nach rechts in Richtung Bahnhof. Auf die Nachfrage an den Führer der anderen Mantrailer, wie denn jetzt weiter gemacht werden solle, kam die Antwort: „Wir haben noch einen siebten Hund – der bringt dann die Entscheidung.“ An dieser Stelle war nicht nur ich sprachlos. Vom demokratischen Trailen hatte ich noch nie etwas gehört. Besonders nicht im Einsatz!

Mit der Parole „Wir haben doch alle nur ein einziges Ziel – die Rettung von Menschenleben!“ wird vieles, was in Einsätzen abläuft, entschuldigt Da gibt es nicht nur unfähige Teams, die sich Suchen „geistig schönsaufen“. Da wird auch gegeneinander gearbeitet oder es werden Erfolge herbeigeredet. Da gehen Personen oder Gruppen in Einsätze, die sich selber zur „Rettung“ legitimiert haben. Da wird ein Hund von der Spur genommen, der eine Information bestätigt, die aber diesem Team nicht bekanntgegeben wurde. Finden darf dann das Team, das sich die Information hat bestätigen lassen. Da werden bereits alarmierte Teams unter fadenscheinigen

78 *Albert Einstein (1879–1955), theoretischer Physiker*

Gründen abalarmiert, da wird sich der einzige gute Geruchsvorhalt unter den Nagel gerissen und sicher verschlossen oder es drängelt sich jemand vor, der mit den nachalarmierten Flächenhunden eingetroffen ist. Und sowohl schlechte Arbeit als auch unfaires Verhalten wird sich schöngeredet.

Und möglicherweise ist das uns bekannte Universum nur ein Teil in einem Multiuniversum.

19. Zeit zu gehen

„Es ist Zeit zu gehen
Wir danken Euch für all die Jahre
Auch wenn es weh tut
Es ist Zeit für uns zu gehen
Wenn es am schönsten ist“[79]

Irgendwann ist für jeden die Zeit gekommen, Abschied von der Rettungshundearbeit zu nehmen. Jeder, der den „richtigen“ Zeitpunkt für den Abschied trifft, hat den vollen Respekt verdient. Hier geht jemand, der eben nicht das persönliche Ego in den Vordergrund stellt. In diesem Buch sind sehr viele Punkte genannt worden, die ein gutes Team ausmachen. Und wenn auch nur einer davon nicht erfüllt ist, wird es Zeit zu gehen. Auch ein Hund hat es verdient, nicht in den Sielen zu sterben, sondern ein Leben in Würde zu beenden.

Es gibt viele Gründe – und keiner ist wertvoller oder wichtiger als der andere. Da geht es um die eigene Gesundheit oder um die des Hundes, da ändern sich die persönlichen und/oder familiären Verhältnisse, da passt es in der Staffel nicht mehr, um nur einige zu nennen. Und dann ist da noch das Thema der Eignung von Hund und/oder Hundeführer. Wenn ein fünfjähriger Hund noch nicht einmal eine Vorprüfung hat oder ein anderer Hund nach mehreren Anläufen immer noch nicht die Einsatzprüfung bestanden hat, dann muss die Frage gestellt werden: Ist diese Aufgabe die richtige für den Hund? Kann ich es verantworten, mit diesem Hund dann irgendwann einmal in einen Einsatz zu gehen? Oder ist hier vielleicht mal wieder das eigene Ego der eigentliche Antrieb?

Wie sieht es mit der eigenen körperlichen und psychischen Belastbarkeit aus? Wie viele Einsätze sind genug? Wie viele nicht genug? Kann ich mit damit umgehen, wenn eine Person tot gefunden wird? Oder muss es noch Wochen später in der Gruppe thematisiert werden? Auch, wenn niemand auch nur in der Nähe des Fundortes war?

79 *Unheilig, Es ist Zeit zu gehen, Geschrieben von Der Graf, Markus Tombült und Henning Verlage*

20. Die ultimative Antwort

Wer von diesem Buch die Antwort auf alle Fragen, die sich für einen Hundeführer im Einsatz ergeben, erwartet, dem sei gesagt: „42“![80]

Die Antwort ist nicht zufriedenstellend, was aber an der ungenauen Fragestellung liegt. Ähnlich ist es in der Zusammenarbeit mit einem Hund. Solange wir nicht die richtige Frage stellen, solange werden wir keine befriedigende Antwort erhalten.

Alle aktuellen wissenschaftlichen Erkenntnisse bilden nur die Themen ab, bei denen eine entsprechende Frage gestellt worden ist. Nur – ist diese Frage die richtige Frage?

Vor diesem Hintergrund wollen wir mit unserem Buch mehr Fragen aufrufen als beantworten. Nur wer vor, in und nach der Suche die „richtigen“ Fragen stellt, kann und wird sich weiterentwickeln. So gesehen arbeiten wir die ganze Zeit mit Hypothesen, die in der Suche verifiziert oder falsifiziert werden. Absolute Wahrheiten gibt es hier nicht, und deshalb lautet die ultimative Antwort: „Es kommt darauf an.“

80 *Douglas Adams, Per Anhalter durch die Galaxis*

Nachwort

„Der Autor ist selten ein unparteiischer Richter seiner eigenen Sachen.“[81]

Da geht es uns nicht anders! In aller Deutlichkeit wollen wir aufzeigen, dass zu einem Team, das in den Einsatz geht, weit mehr gehört als „einen Trail laufen“. Es kommt vor, dass man ein Menschenleben in den Händen hält und sich jeder Fehler fatal oder auch letal auswirken kann. Dieser Verantwortung muss man sich immer bewusst sein – es geht eben nicht um das eigene Ego. Es gehört manchmal mehr Größe und Persönlichkeit dazu, auf Einsätze zu verzichten oder zuzugeben, dass man in der Suche zu keinem brauchbaren Ergebnis kommt, als sie um jeden Preis gehen zu wollen.

Wir gehen davon aus, dass wir die Vorgehensweise bei einer Suche in einem neuen oder auch anderen Licht zeigen konnten; dass wir Einsteigern einen Einblick in die Komplexität der Aufgabe geben konnten und auch noch für erfahrene Personen Dinge vertiefen oder aufzeigen konnten. Uns ist leider auch bewusst, dass genau die Personen, die wir mit einigen Ausführungen ansprechen wollten, sich genau nicht angesprochen fühlen.

Und wir hoffen, dass die Leidenschaft, mit der wir die Personensuche leben, angekommen ist.

Schließen möchten wir mit den Worten des griechischen Staatsmannes Perikles:

„Wer alles selbst miterlebt hat, der wird die Rede unzulänglich finden, verglichen mit dem, was er weiß und angesprochen hören will. Die übrigen werden Übertreibung wittern – einfach aus der natürlichen Eifersucht heraus, die uns Menschen befällt, wenn andere etwas leisten, zu dem wir selbst nicht imstande gewesen wären. So sind wir nun mal gestrickt: Lob für andere ertragen wir gerade solange, wie wir uns einreden können, auch wir hätten so etwas hinbekommen. Können wir das nicht mehr, dann kommt der Neid – und mit ihm der Unglaube.“[82]

81 *Johann Wolfgang von Goethe (1749–1832), deutscher Dichter*

82 *Aus der sogenannten Gefallenenrede*

Wie bei jedem Buch werden auch hier die Danksagungen nicht fehlen:

Unser Dank geht als erstes und in einem ganz hohen Maße an unsere Hunde. Die uns gezeigt haben – und noch zeigen – zu welchen Leistungen, die wir nicht annähernd nachvollziehen können, sie fähig sind. Sie gehen an die Beamtinnen und Beamten der jeweiligen Polizei, die uns und unserer Leistung vertraut haben. An die Diensthundeführer, die unsere Fragen gerne und ausführlich beantwortet haben. Und an alle anderen Personen, die sich Zeit für uns genommen haben. Sie gehen besonders an den Tierarzt unseres Vertrauens Dr. Christoph Schubert und Team, Timmendorfer Strand; an unsere Testleser Anke Petzold, Katja Grotherr und Paul Petzold. Für die Fotos geht unser Dank an Katja Tükker, Sophie Strodtbeck und Thomas Schmidt, an die „Fotomodelle“ Hera vom Dyckerland und Gesa Leyk sowie Wikwaya Dena , Pelle und Whiskey; an Yvonne Finke und die FF Hornbek für die Unterstützung, und nicht zuletzt an Frau Gisela Rau vom Kynos-Verlag, die uns sofort ihr Vertrauen für dieses Buch geschenkt hat und Frau Nicole Hilgers, die aus einem simplen Word-Dokument durch Layout und Skizzen ein lesbares Buch gezaubert hat. Einen Anteil an diesem Buch hat auch der Creux du van im Schweizer Jura – ein steiler Aufstieg über 772 Meter bringt viel Klarheit, wenn man ein solches Projekt auf den Weg bringen möchte. Snoopy muss auf jeden Fall auch genannt werden. Sein Beginn für ein Buch wurde auch zu unserem und hat den gordischen Knoten, der den Start behinderte, aufgelöst.

Über die Autoren

Ute Dieckman ist studierte Diplom-Kauffrau und Diplom-Verwaltungswirtin. Über die beginnende Jagdleidenschaft eines ehemaligen Laborbeagles ist sie zum Mantrailing gekommen und seitdem von diesem Virus infiziert. Aktuell führt sie eine Bloodhound-Hündin und einen Schweizer Laufhund. Eine ihrer beruflichen Stationen war der Bereich „Training“ – nicht für Hunde, sondern für Erwachsene mit den Schwerpunkten Kommunikation, Moderation und Coaching.

Gerrit Dieckman hat nach dem Studium der Psychologie noch einen Abschluss als staatlich geprüfter Betriebswirt erlangt. Seit diesem Zeitpunkt ist er freiberuflich als Trainer und Berater für Unternehmen im Bereich Arbeitssicherheit tätig. Er ist ebenfalls seit Jahren im Bereich Mantrailing unterwegs und führt seinen zweiten Bloodhound sowie einen Grand Bleu de Gascogne.

In 2010 sind Gerrit und Ute Dieckman ihren ersten Einsatz gelaufen und seitdem zu mehreren hundert Einsätzen in Norddeutschland alarmiert worden. Neben den im Beruf gewonnenen Informationen können sie auch auf die Erfahrung von Feuerwehreinsätzen zugreifen, um die Chance für eine erfolgreiche Suche zu erhöhen. Ihr Wissen geben sie auch in Seminaren und Workshops weiter. Wichtig ist ihnen, wach zu bleiben, die eigene Leistung kritisch zu hinterfragen, aus Erfahrungen zu lernen und sich so ständig weiter zu verbessern.

Unter www.mantrailing-specialists.de finden sich weitere Informationen.

Die Aufgaben, alle Punkte mit vier Strichen ohne abzusetzen zu verbinden, gelingt nur, wenn die Begrenzung, die durch die Punkte gesetzt werden, überschritten bzw. verlassen wird. Also nicht nur den Rahmen einfach akzeptieren, sondern auch über Grenzen hinweg denken. Und dafür braucht es Pausen und einen Helikopterblick.

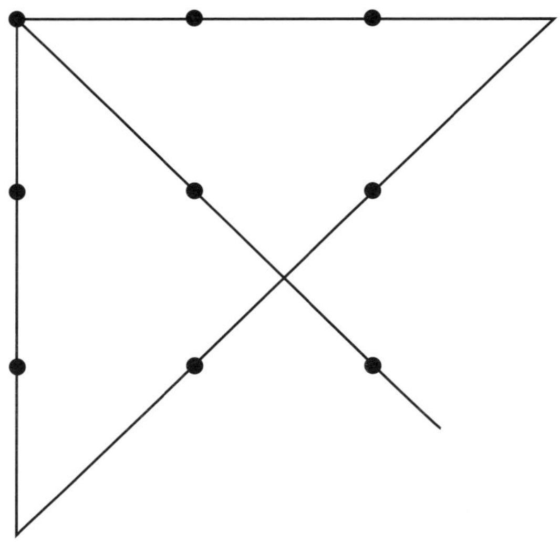

Lösung des Rätsels auf S. 128

Checklisten und Übersichten

Protokoll

Trail
Ort: Datum: Team:

Beim Legen	**Witterung** □ Sonnig □ Heiter □ Bewölkt □ Nieselregen □ Regen □ Starkregen □ Nebel □ Schnee	**Windrichtung** 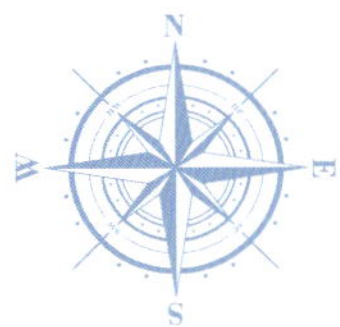 **Stärke Bft** **Luftfeuchte %**	**Temperatur** □ < -10° □ -10° - 0° □ 0-10° □ 10°-15° □ 15°-20° □ 20°-25° □ 25°-30° □ > 30°	**Änderungen zwischen Legen und Suchen** □ Witterung □ Windstärke □ Temperatur □ sonstiges
Beim Suchen	**Witterung** □ Sonnig □ Heiter □ Bewölkt □ Nieselregen □ Regen □ Starkregen □ Nebel □ Schnee	**Windrichtung**  **Stärke Bft** **Luftfeuchte %**	**Temperatur** □ < -10° □ -10° - 0° □ 0-10° □ 10°-15° □ 15°-20° □ 20°-25° □ 25°-30° □ > 30°	**Suche bei** □ Tageslicht □ Dämmerung □ Dunkelheit □ Kunstlicht

Schwerpunkt	Umgebung	Untergründe	Schwierigkeiten	Schwierigkeiten
□ Tempo □ Umgebung □ Untergründe □ Schwierig-keiten □ VP □ Geruchs-vorhalt □ Abgang □ Länge □ Alter der Spur □ Motivation □ Pause □ Negativ-anzeige □ Fokussierung □ Anzeige	□ Wald/Wiese □ Parkanlage □ am Wasser □ Innenstadt □ Wohngebiet □ Industriegebiet □ Parkplatz □ Gebäude □ EKZ □ Fußgängerzone □ KH / Altenheim □ sonstige:	□ Wiese/Gras □ Waldboden □ Naturweg □ Schotter □ Asphalt □ Pflaster □ Feld/Acker □ Gebäude **Beschaffenheit** □ trocken □ feucht □ nass □ gefroren	□ Negativansatz □ Platz □ Bögen □ Winkel □ Kreislaufen □ Kreuzende Spur □ Hausecke □ Passanten □ Hunde □ Wild □ Ablenkung durch Futter □ Brücke □ Unterführung	□ Geruchspool: ________Minuten □ Fahrstuhl □ Trail durch Gebäude □ Abzweigung □ Kreuzung □ Platz □ Trail am Wasser entlang □ Trail über Bach/Fluss □ Trail durch Bach □ Lebhafte Umgebung □ Spielplatz □ Hochversteck □ Tiefversteck □ Negativende
Verm. Person	**Geruchsvorhalt**	**Abgang**	**Verm. Person**	**Länge**
□ hockend/ sitzend □ stehend □ liegend □ gehend □ hoch □ tief □ verdeckt □ sonstiges	□ Textil groß □ Textil klein □ Hart groß □ Hart klein □ In Tüte □ angereicht □ auf Boden □ zwei Tüten	□ direkt vom Geruchsvorhalt □ entfernt von Spur □ vom Auto der VP □ Wohnung der VP □ Hund sieht SP weggehen	□ Mann □ Frau □ divers □ Kind □ bekannt □ unbekannt □ wenig bekannt □ Familie	□ 0-100 m □ 100-200 m □ 200-500 m □ 500m-1 km □ 1-2 km □ > 2 km

Alter der Spur	Suchzeit	Hilfen	Motivation Hund	Gesamteindruck
□ 0-15 Minuten □ 15-30 Minuten □ 30-60 Minuten □ 1-2h □ bis 6 h □ bis 12 h □ bis 24 h □ gen. Spuralter: _______	□ 30-60 Sek. □ 1-3 Minuten □ 3-5 Minuten □ 5-10 Minuten □ 10-20 Minuten □ 20-40 Minuten □ 40-60 Minuten □ > 60 Minuten □ Suchzeit genau: ________	□ neu angesetzt □ auf Spur ansetzt □ Geruch erneut gegeben □ rufen / Geräusch □ entgegenkommen □ Pause □ Abbruch nach _______Minuten	□ ausgeprägt □ gut □ mäßig □ keine **Teamarbeit** □ super □ gut □ befriedigend □ geht gerade noch □ indiskutabel	□ perfekt □ Fast perfekt □ Sehr gut □ gut □ befriedigend □ befriedigend □ geht gerade noch □ indiskutabel □ Aufgabe nicht verstanden
Bemerkungen				

Checkliste Ausrüstung

Bekleidung

- ❏ Einsatzbekleidung
- ❏ Zusatzbekleidung

Hund

- ❏ Halsband
- ❏ Geschirr
- ❏ Such-/Führleine
- ❏ Warn-/Kennweste
- ❏ Kennleuchten (Wärmeschutz)

Erste Hilfe

- ❏ Erste-Hilfe-Tasche

Sicherheit

- ❏ Taschenmesser oder Multitool
- ❏ Taschenlampe
- ❏ Stirnlampe und Ersatzakku
- ❏ Sonnenbrille
- ❏ Schutzbrille
- ❏ Feuerzeug/Streichhölzer

Gesundheitsschutz

- ❏ Taschentücher
- ❏ Einweghandschuhe
- ❏ Feuchte Tücher
- ❏ Sonnenschutz
- ❏ Mücken-/Zeckenschutz

Sicherung Geruchsvorhalt

- ❏ Einweghandschuhe
- ❏ Einwegpinzette
- ❏ Sterile Kompressen
- ❏ Plastiktüten in allen Größen
- ❏ Beutel für Spurensicherung
- ❏ Wattestäbchen/Abstrichtupfer
- ❏ Schere/Cutter
- ❏ Klarsicht-/Alufolie

Orientierung

- ❏ GPS-Gerät
- ❏ Navigationsausrüstung
- ❏ Smartphone/Handy
- ❏ App zu Standortbestimmung und Navigation
- ❏ Kompass/Karte

Kommunikation

- ❏ Mobiltelefon
- ❏ Handfunkgeräte
- ❏ Telefonliste

Verpflegung

- ❏ Wasser/Getränke für Hund und Hundeführer
- ❏ Energieriegel/Kekse
- ❏ Trink- und Fressnapf

Dokumentation

- ❏ Notizbuch
- ❏ Kugelschreiber/Bleistift
- ❏ Checkliste „Lagegespräch“
- ❏ Checkliste „Traildokumentation“
- ❏ Tracker oder App

Checkliste „Zusätzliche Ausrüstung“

(Unbedingt den Eindruck eines Campingurlaubs vermeiden!)

- ❏ Kocher (über Akku, Zigarettenanzünde oder Gas)
- ❏ Kaffee, Milch, Zucker
- ❏ Dosen- oder Tütensuppen/Obst/Kaugummi oder Pfefferminzbonbons
- ❏ Geschirr und Besteck
- ❏ im Winter: warme Decken/Wärmflaschen/Spikes zum Überziehen (notfalls auch große Socken)
- ❏ im Sommer: Sonnenschutz
- ❏ Klappstuhl/Hocker
- ❏ Wasserkanister/Handtuch
- ❏ Ersatzmaterial (Akkus, Lampen, Geschirr, Leine, Schnürsenkel)
- ❏ Hundefutter
- ❏ Handtücher
- ❏ Schlafsack
- ❏ Hygieneartikel

Aufnahmebogen Einsatz

Alarmierung: Nr.	am:	um:	in:
Team:			
Abfahrt:			
Ankunft Sammelpunkt:			

Vermisste Person:	
Name:	
Alter:	Größe:
Figur:	Haarfarbe:
Bekleidung:	Foto:
Besondere Kennzeichen:	
Körperliche und psychische Auffälligkeiten / bekannte Krankheiten / Medikamente	
Hintergrundinformationen:	

Daten zur Suchsituation:	
Vermisst seit:	Zuletzt gesehen:
Beginn der Suche:	Ende der Suche:
Szenario:	
Lageerkundung (Bewertung von Zeugenaussagen / keine Informationen im Vorfeld)	
Ergebnis:	

Literaturverzeichnis

Bücher

Boulanger, Robert und Trautmann Zenoni, Gabriella: *Mantrailing. Teamarbeit mit Nase und Verstand*: Oertel+Spörer Verlag, Reutlingen 2013

Brough, Edwin: Bloodhounds: excerpted from the *Kennel Encyclopaedia* of 1907: Read Country Books 2007

Budde, Dr, E; „Woran erkennt der Hund die Spur seines Herrn?“ aus *Naturwissenschaftliche Plaudereien*; Verlag von Georg Reimer; 2. Auflage Berlin 1898

Dr. Gerritsen, Rosi; Haak, Ruud: *K9 Fraud*; Detselig Enterprises, Calgary 2010

Grunow, Alexandra; Langkau, Rowena: *Spurensuche*: Franckh-Kosmos Verlag 2014

Gust, Jochen; *Phänomen Hinlauftendenz – wenn alte Menschen weglaufen*, 2010

Haberhauffe, Lothar; Dr. Albrecht, Günter; *Diensthunde*; VEB Deutscher Landwirtschaftsverlag Berlin; 1. Auflage 1979

Kaldenbach, Jan: K9 Scent Detection: Detselig Enterprises Ltd., Calgary, Alberta, 1998

Keller, Peter: Mantrailing Personenspürhunde Individualgeruch; OFFIZIN Zürich Verlag GmbH 2016

Koester, Robert J,: *Lost Person Behavior*; dbS Productions LLC, Charlottesville, 2010

Laufer, Bernhard; *Pionier einer modernen Polizei*: Verlag der Quadrate-Buchhandlung; 1. Auflage 2010

Makrakis, Kristie: *Die Stasi-Geheimnisse*: F.A. Herbig Verlagsbuchhandlung München; Sonderproduktion 1. Auflage 2011

Most, Konrad; Böttger, Paul: *Leitfaden für die Abrichtung des Hundes*: Kameradschaft Verlagsgesellschaft Gersbach & Co., Berlin; 8. Auflage 1938

O'Connor, Joseph; McDermott, Ian: *Die Lösung lauert überall*, VAK Verlags GmbH; Kirchzarten 1998

Ochsenbein, Urs: *Der neue Weg der Hundeausbildung*: Müller Rüschlikon Verlags AG, 7. Auflage, Cham 1997

Schmidt, Dr. Friedo: *Verbrecherspur und Polizeihund*; Selbstverlag des „Vereins für Deutsche Schäferhunde“ (SV), Augsburg

Schmidt, Dr. Friedo; Leonhardt, Otto: *Die Verwendung des Polizeihundes im Dienst*; Paul Parey Berlin 1912

Schulz von Thun, Friedemann: *Miteinander reden: Störungen und Klärungen!;* Rowohlt Taschenbuch Verlag; Reinbek bei Hamburg; August 1983

Schweda, Armin; Schweda, Tanja; Nestler, Astrid: *Mantrailing*; Müller Rüschlikon Verlag Stuttgart, 1. Auflage 2012

Seffrin, Lorenz: *Über die kleinsten noch wahrnehmbaren Geruchsmengen einiger Riechstoffe beim Hund*; Inauguraldissertation, Druck von R. Oldenbourg; München 1915

Seydel, Mario: „Mantrailing: Wunderwaffe der Kriminalistik oder Wünschelrutengehen der Ermittler,“ in: *Kriminalistik – gestern – heute – morgen*; Festschrift zum 10jährigen Bestehen der Deutschen Gesellschaft für Kriminalisitk; Richard Boorberg Verlag, 2014

Snovak Eaton, Angela: *Guide to Search and Rescue Dogs*; Barron's 2004

Syrotuck, William G.: *Scent and the Scenting Dog*; Barkleigh Productions Inc., 2000

Tolhurst, William D.; Reed, Lena F.: *Manhunters!*; Hound Dog Press, Puyallup1984

Tweedie, Jan: *On the Trail!*; Alpine Publications: Loveland 1998

von Otto-Kreckwitz, Ernst: *Der Kriegshund, dessen Dressur und Verwendung*; Reprint of the Original from 1894; EOD Reprint provided by Bavarian State Library

von Stephanitz, Rittmeister Max: *Der Deutsche Schäferhund in Wort und Schrift*; Verlag des Vereins für Deutsche Schäferhunde SV.; 7. Auflage; Jena 1923

Woidtke, Leif: *Mantrailing – Fakten und Fiktionen*; Hochschule der Sächsischen Polizei; Rothenburg / Oberlausitz 2016

Zuschlag, H.: *Der Polizeihund*; Ernst'sche Verlagsbuchhandlung Leipzig 6. Auflage ohne Jahr

Weitere Quellen

Führung und Einsatz; KatS-Dv 100; Stand 12/1981; www.bbk.bund.de

Wann gilt eine Person aus polizeilicher Sicht als vermisst? Die polizeiliche Bearbeitung von Vermisstenfällen in Deutschland; https://www.bka.de/SharedDocs/FAQs/DE/Vermisste/vermissteFrage01.html

Bakterien, Leichen und Gerüche; Vortrag von Dr. Mark Benecke: Lübeck

Gabriel, Susanne; Mit „Cäsar" kam der Durchbruch; Pressearchiv „Die Rheinpfalz" Nr. 210 vom 08.11.2008

Oranienburger Schriften; Fachhochschule Polizei Brandenburg; Personenspürhunde am Tatort; Ausgabe 1 aus Dezember 2017 https://www.fhpolbb.de/sites/default/files/field/publikationen/oranienburger_schriften_intra_kleiner.pdf

Tier tV Polizeihunde: Spürnasen auf Verbrecherjagd

https://de.wikipedia.org/wiki/Diensthund

https://whitechapeljack.com/the-debacle-of-burgho-and-barnaby/

https://www.derhund.de/bloodhound/

https://www.planet-wissen.de/natur/haustiere/hunde/pwiepolizeihunde100.html

Www.alzheimer-euskirchen.de

http://gsb.download.bva.bund.de/BBK/KatS_Dv_100.pdf

https://www.bildungsinstitut-rlp.drk.de/fileadmin/Download/Fuehrungskraefte/Ausbildung/UF-Ausbildung/Ausbildung_zum_GF_Rettungshund.pdf

https://bewusstekommunikation.wordpress.com/

https://www.hohenstein.de/media/pdfweb/innovationsboerse/tag_1/08_Hammer_Moschner_Einfluss_der_Bekleidung.pdf

Kriminalistik gestern-heute-morgen

Festschrift zum 10-jährigen Bestehen der Deutschen Gesellschaft für Kriminalistik

Schriftenreihe der Deutschen Gesellschaft für Kriminalistik e.V. 4

https://www.dguv.de/medien/inhalt/praevention/fachbereiche_dguv/fb-fhb/veranstaltungen/fachveranstaltung/vortr_mueller.pdf

https://www.gesundheitsindustrie-bw.de/de/fachbeitrag/pm/hohenstein-institute-untersuchen-den-einfluss-antibakterieller-kleidung-auf-die-haut/

Das könnte Sie auch interessieren:

Jeff Schettler

K.9 Trailing

Professionelle Personensuche mit Hund

Trailing oder „Mantrailing“, die Personensuche mit Hund, gehört in Europa zu den neueren Unterdisziplinen der Polizei- und Rettungshundearbeit. Jeff Schettler, langjähriger Diensthundeführer der kalifornischen Polizei und Mitglied einer FBI-Spezialeinheit, berichtet in diesem praktischen Buch aus seinem reichen Erfahrungsschatz und gibt wertvolle Tipps. Auswahl und Ausbildung eines Hundes, geeignete Ausrüstung, das Verhalten von Geruch unter verschiedenen Umweltbedingungen, Trails in städtischem Gebiet, Car Trails, Training unter Ablenkungen und vieles mehr werden ausführlich besprochen.

Flexicover, 240 Seiten, durchg.farbig
ISBN 978-3-95464-018-8
Preis: 29,95 EUR

Cat Warren

Der Geruch des Todes

Einsätze eines Leichenspürhundes

Für die Polizei ist es ein Vermissten- oder Kriminalfall. Für die Angehörigen ist es eine Tragödie. Für den Hundeführer ist es harte Konzentrationsarbeit. Für den Leichenspürhund ist es ein spannendes Spiel.

Cat Warren, Professorin für Journalistik und Literaturwissenschaft, sucht zunächst eigentlich nur nach Möglichkeiten, ihren nicht ganz einfachen Deutschen Schäferhund Solo vernünftig auszulasten. Dabei stößt sie auf die Sucharbeit nach Toten und taucht ein in die faszinierende Welt der Wissenschaft rund um den Geruch, Geruchszersetzung, Forensik und die Leistung der Hundenase.

Hardcover, 344 Seiten
ISBN 978-3-95464-149-9
Preis: 24,95 EUR